江苏省高等学校重点教材（编号 2021-2-133）

药品生产
综合实训

吴 洁　鲍真真　主编

化学工业出版社

·北京·

内容简介

《药品生产综合实训》为江苏省高等学校重点教材。本书按照药品生产流程共分三个模块,分别为化学药物的合成、药物制剂的生产和药品的质量检验,系统介绍药品生产从原料药合成到片剂生产及贯穿始终的药品质量控制各岗位的素质、知识和技能要求。每个模块以各岗位任务和能力要求为主线,结合岗位标准操作规程和配套微课、视频及仿真软件等数字资源,进行真实生产操作训练,着重培养药品生产工程化、流程化和标准化的思维和意识,提高岗位职业能力和素养。

本书内容既包括操作技能,又包括基本理论和常识,能同时满足高职专业教学和参考的需求。

图书在版编目(CIP)数据

药品生产综合实训/吴洁,鲍真真主编. —北京:
化学工业出版社,2022.8
ISBN 978-7-122-41261-4

Ⅰ.①药… Ⅱ.①吴…②鲍… Ⅲ.①药品-生产工艺-高等职业教育-教材 Ⅳ.①TQ460.6

中国版本图书馆 CIP 数据核字(2022)第 067404 号

责任编辑: 蔡洪伟
文字编辑: 丁 宁 陈小滔
责任校对: 宋 夏
装帧设计: 关 飞

出版发行: 化学工业出版社
　　　　　(北京市东城区青年湖南街 13 号 邮政编码 100011)
印　　装: 中煤(北京)印务有限公司
787mm×1092mm 1/16 印张 10 字数 236 千字
2022 年 8 月北京第 1 版第 1 次印刷

购书咨询: 010-64518888
售后服务: 010-64518899
网　　址: http://www.cip.com.cn
凡购买本书,如有缺损质量问题,本社销售中心负责调换。

定　价: 45.00 元

编写人员名单

主　编

吴　洁　鲍真真

副主编

陈　曼　钟　嫄　刘美辉

参　编

梅晓亮　鲁正熹　周咏梅　晋　欣

活页式教材使用说明

本书按照药品生产流程，围绕药学、制药工程及相关专业核心课程（例如药物化学、制药工艺学、药剂学、药物分析等）对应的生产岗位，设置为原料药生产、片剂生产和药品质量控制三个模块，每个模块又以岗位任务和能力要求为主线，结合标准操作程序（SOP），着重培养学生具备药品生产工程化、流程化和标准化思维和意识。三个模块内容相对独立，可以自成体系，又以药品质量控制为主线相互关联。

模块一可以在《药物化学》《药物合成》或《制药工艺学》等课程讲授结束后配合仿真软件进行实训。该模块以阿司匹林合成为例，按照实际生产分为备料、酰化反应、母液回收、粗品水解、过滤干燥和检测包装六个岗位，主要介绍原料药生产流程与操作规范；模块二部分可以在《药剂学》课程讲授结束后配合仿真实训软件进行实训，该模块以片剂生产为例，按照岗位设置分为称量配料、粉碎与筛分、一步制粒、压片和包衣等五个岗位，主要介绍肠溶片的生产流程与操作规范；模块三部分可以在《药物分析》课程讲授结束后进行实训，该模块内容贯穿药品生产始终，从原料药到中间体以及制剂生产全过程的质量控制，按药品检验岗位设置为取样与抽样、分样与留样、理化检测和仪器分析检测四个岗位，以《中华人民共和国药典》（2020版）为依据，以阿司匹林原料药和肠溶片生产过程中的质量控制为例，既包含原辅料、中间体、原料药的检测，也包含肠溶片的质量检查项目，培养学生严谨的科学态度和质量第一、安全至上的职业精神。

前两个模块都设置了岗位操作与记录这一项目，模块一主要是记录原料药生产中的工艺参数和原辅料、中间体质量检查；模块二中既有操作前对场地、设备、环境和物料的核对检查，也有物料的领取量、剩余量等的原始记录及操作完毕的清场记录，还包括了岗位操作过程中的质量检查，例如片重差异、崩解时限等检查的原始数据记录；模块三主要根据制药企业对药品质量控制要求，设计了岗位检验原始记录和检测报告，可以记录原始检测数据和模拟出具检测报告。每个岗位的岗位操作与记录及检测报告可以在完成该岗位实训后，单独作为实验报告抽取上交指导教师批改，也可以在批改后按模块装订成册，方便学生回顾不同生产模块的操作要求。

为了方便对药品生产关键步骤操作流程和主要设备工作原理的理解和掌握，本书还配套开发了信息化资源，例如阿司匹林生产中重要操作的仿真实训视频，可以模拟真实的制药企业生产过程，另外还有微课、PPT等数字资源，帮助读者理解教材中的重点及难点。

    高等职业教育人才培养的定位是德技双馨的技术技能型人才，而教材是人才培养的重要载体，作为"三教改革"内容之一的教材改革，一直是教育的研究热点，《国家职业教育改革实施方案》要求建设一大批校企"双元"合作开发的国家规划教材，倡导使用新型活页式、工作手册式教材并配套开发信息化资源，因此推进新形态教材建设已成为提高技术技能人才培养质量的重要抓手。正是在这样的背景下，我们校企"双元"合作开发了以培养药品生产职业能力为主线，以弘扬精益求精的工匠精神和体现劳动素养为宗旨的《药品生产综合实训》，教材内容组织模式的变革、活页式的装订形式和配套开发的微课、视频、仿真软件等数字资源，为探索新型活页式教材提供参考和借鉴。

    药物化学、药物制剂技术和药物分析技术是高职药学及相关专业的三大核心课程，也是与药品生产和质量控制核心技术相关度最高的专业课程，实训内容长期以来随课程的相对独立而独立编撰，且内容主要是围绕知识体系的实际操作能力的培养。随着职业教育供给侧改革的推进，急需提高学生对整个药品生产的标准化意识和岗位实践能力，以便更好地对接真实岗位所需职业能力和素质，因此本书按照药品生产流程，围绕课程对应的岗位设置为三个模块，每个模块又以岗位任务和能力要求为主线，结合标准操作规程（SOP），着重培养具备药品生产工程化、流程化和标准化思维和意识，具有较高岗位操作能力和职业素养的技术技能人才。

    本书共分三个模块，模块一是化学药物的合成，以阿司匹林合成为例，按照实际生产分为备料、酰化反应、母液回收、粗品水解、过滤干燥和检测包装六个岗位，主要介绍原料药生产流程与操作规范；模块二是药物制剂的生产，以阿司匹林肠溶片生产为例，按照岗位设置分为称量配料、粉碎和筛分、一步制粒、压片和包衣等五个岗位，主要介绍片剂的生产流程与操作规范；模块三是药品的质量检验，该模块内容贯穿药品生产始终，从原料药到中间体以及制剂生产全过程的质量控制，按药品检验岗位设置为取样与抽样、分样与留样、理化检测和仪器分析检测四个岗位，以《中华人民共和国药典》（简称《中国药典》）（2020年版）为依据，培养学生严谨的科学态度和质量第一、安全至上的职业精神。每个模块通过岗位概述、任务要求和操作规程给予真实企业生产操作的训练，通过知识链接又给予理论的衔接和拓展，结合仿真实训软件和企业实践，最后从岗位职业素养、岗位知识和技能三方面进行岗位综合能力考核，以检查与反馈实训效果。在本书最后，还通过环保小贴士增强学生环保意识，提醒相关人员在药品生产中做好"三废"的处理工作。教材编写坚持知行合一、工学结合，实现"理实一体化"。

本书编写分工如下：模块一的岗位一、岗位二由吴洁老师编写，岗位三、岗位四由钟嫄老师编写，岗位五、岗位六由鲍真真老师编写；模块二岗位一～岗位三由刘美辉老师编写，岗位四、岗位五由周咏梅老师编写；模块三岗位一、岗位二由鲁正熹老师编写，岗位三、岗位四由梅晓亮老师编写，晋欣老师也参与了该模块的编写。全书微课由鲍真真老师制作，视频由钟嫄和刘美辉老师拍摄和录制。教材编写过程中得到了西安远大德天药业股份有限公司陈曼总工程师、南京制药厂有限公司陈保才总工程师、南京先声东元制药有限公司徐明技术总监的悉心指导，从岗位设置到工艺流程以及标准化操作，全程参与教材编写的指导，在此向参加编撰工作的老师及技术人员表示衷心感谢。本教材编写过程中参考了国内外同行、专家和学者的教研成果，在此表示感谢。

本书可供培养药学及相关专业人才的高职院校选用，实训时间一般在企业顶岗实习前进行，内容可以根据各校的实际教学特点加以组合和选择。限于编者的学识水平，书中难免存在不妥之处，敬请读者给予批评指正。

编 者
2022 年 3 月

目录

模块一　化学药物的合成 / 001

模块二　药物制剂的生产 / 051

模块三　药品的质量检验 / 091

环保小贴士　药品生产中的"三废"处理 / 136

二维码资源目录

模块一 >>>
化学药物的合成

概述

化学药物是临床用药的主力军，按照来源，化学药物可分为无机药物、天然药物和有机合成药物三大类，其中，有机合成药物是化学药物的主体，是采用化学合成手段，按全合成或半合成方法研制和生产的有机药物，前者是由结构比较简单的化工原料经一系列化学合成过程制得药物的方法，后者是由已具有一定基本结构的天然产物经过化学结构改造或微生物反应而制得药物的方法。药物合成方法和工艺是药物化学的重要研究内容之一。本模块以阿司匹林原料药的生产为例进行讲述。

阿司匹林是经典的解热镇痛药，与青霉素和安定并称医药史上三大经典药物，是在人们用柳树治病的劳作经验基础上，经过几代科学家的共同努力才诞生并确立其治疗作用的。自被发现以来，其作用从最初的镇痛、解热、抗炎抗风湿到抗血小板聚集，从川崎病、糖尿病、阿尔茨海默病及肿瘤防御，到预防心脑血管疾病发生，为人类健康贡献出了巨大的力量。阿司匹林药物是人类上千年智慧的积累与结晶。回顾阿司匹林的发展史，反映出医药行业非常突出的特点，即药物研发周期长、投入高、成功率低，需要科研人员持之以恒的钻研精神和坚韧不拔的毅力。同时，阿司匹林的发展史也是一部持续百年的创新史，唯有创新才能发展，正是新机制新作用的不断发掘，才使这一百年老药不断焕发新生、创造奇迹。阿司匹林的发展简史如图 1-0-1 所示，可扫描二维码 SP1-1 学习。

SP1-1 阿司匹林发展史

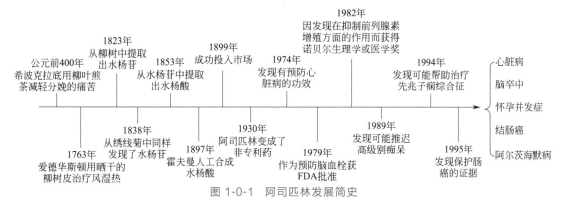

图 1-0-1 阿司匹林发展简史

阿司匹林的合成是以水杨酸为原料经酰化反应制得，虽然只有一步反应，但生产中要经过备料、酰化反应、母液回收、粗品水解、干燥和包装等岗位，每个岗位都有相应的任务和要求，必须按照生产工艺和岗位标准操作规程（SOP）进行操作，并且质量控制（QC）贯穿生产始终，以规范药品生产质量管理，保证原料药质量稳定和可控。本模块以阿司匹林原料药的生产为例，以岗位任务和能力素质要求为主线，通过流程化和标准化的训练，增强操作者对药品生产工程化、流程化和规范化的意识以及安全环保意识。

岗前回顾
阿司匹林的实验室合成

一、任务要求

(1) 回顾阿司匹林合成的基本原理；

(2) 回顾合成反应中回流、重结晶、熔点测定等单元操作。

二、实验原理

阿司匹林为白色针状结晶，易溶于乙醇，可溶于氯仿、乙醚，微溶于水。合成路线如下：

$$\text{OH, COOH} + (CH_3CO)_2O \xrightarrow{H_2SO_4} \text{OCOCH}_3, COOH + CH_3COOH$$

三、实验步骤

1. 酰化

SP1-2 阿司匹林的实验室合成

在装有磁力搅拌及球形冷凝管的 100mL 三颈烧瓶中，依次加入水杨酸 5g、醋酐 7mL、浓硫酸 3 滴，轻轻振摇（注意勿将固体黏附到瓶壁上）至水杨酸溶解，开动搅拌，置水浴加热，待浴温升至 50～60℃ 时，在此温度下反应 30min。停止搅拌，稍冷，将反应液倾入 100mL 冷水中，继续搅拌，至阿司匹林全部析出。将布氏漏斗安装在抽滤瓶上，将滤纸湿润、抽紧，然后将待滤结晶溶液慢慢倾于漏斗中，抽滤，用 10mL 水分两次洗涤，洗涤时应先停止抽滤，用刮刀轻轻将滤饼拨松，水浸湿结晶再抽滤，压干，即得粗品。

2. 精制

将所得粗品置于 100mL 圆底烧瓶中，加入 15mL 乙醇，于水浴（≤80℃）上加热回流至阿司匹林全部溶解，稍冷，加入活性炭脱色 10min，趁热抽滤。将滤液慢慢倾入 30mL 热水中，自然冷却至室温，析出白色结晶。待结晶析出完全后，抽滤，用 50% 乙醇 10mL 分两次洗涤，压干，放入烘箱中干燥，称重，测熔点，计算收率。

四、问题导出

(1) 实验室合成对反应物的加热和冷却常采用水浴，生产中是如何实现对反应物的加热与冷却的？

(2) 在生产中如何判断反应的终点？

(3) 实验室规模的合成由于投料量少，不存在搅拌不均匀的现象，而生产中常以几十千克投料，如何实现反应物的搅拌均匀？

(4) 生产中如何保证每批产品的质量稳定？

岗位一
备　料

一、岗位概述

　　备料岗位职责主要是根据生产计划确定下料计划，即需要根据下一岗位用料情况，确定下料的先后顺序，确定是否对各岗位任务进行分解或调整，发生质量问题及时整改和处理。通过规范备料操作行为，保证物料运送、拆包、流转的安全，防止因失误造成物料的污染、交叉污染、混淆和差错。

二、原辅料管理流程

　　药品的质量直接关系到人们的生命健康，为了保障药品质量安全，加强全流程质量管理，制药企业强化了对原辅料供应商的审计和供应链的管理，从原辅料供应的源头把好药品质量关。原辅料管理的流程如图 1-1-1 所示。

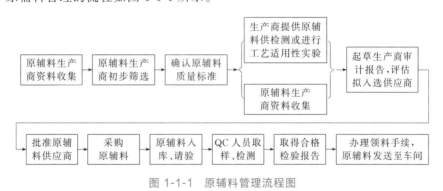

图 1-1-1　原辅料管理流程图

三、岗位任务与要求

　　岗位任务与要求见表 1-1-1。

表 1-1-1　备料岗位任务与能力素质要求

岗位任务	能力素质要求
入库	具备对原料入库的核查意识及能力
请验	具备药品质量从生产源头把控的质量意识
仓库日常管理	1. 具备根据危险化学品等级分类入库的能力； 2. 具备对常见危险化学品进行安全管理的能力
仓库放行	具备审阅检验报告并判断仓库是否可以放行的常规质量监控能力

笔记

四、岗位操作与记录

岗位操作与记录见表 1-1-2。

表 1-1-2　备料岗位操作规范与工单记录

操作		操作过程控制	操作过程记录
备料	水杨酸	1. 备料班长向车间保管员移交材料出库单； 2. 清理物料表面,按照逐品种、逐批次实施拆包； 3. 同批次物料拆完后,清理干净现场,开始下一物料拆包； 4. 备料班长逐件粘贴物料合格证并复核确认无误,根据生产指令通知库房将水杨酸送至阿司匹林车间,并附带检验报告单； 5. 物料全部交付,车间保管员核对接收的实物,办理签收手续；备料人清扫拆包间,关门上锁； 6. 车间酰化工将水杨酸按物料贮存和定置管理要求放置在存放区,并填写货位卡	物料出库单接收人：_____ 拆包人：_____ 清场人：_____ 物料合格证粘贴并复核□ 根据生产指令发料□ 水杨酸出库量：_____kg 水杨酸库存量：_____kg 货位卡填写□ 物料签收人：_____ 物料复核人：_____ 日期：　　年　　月　　日
	醋酐	1. 通知液体原料罐区工作人员,开醋酐泵； 2. 观察醋酐中间罐称重模块数值,当数值不再变动时,核实计量罐存料,填写物料收、付、存台账记录	醋酐出库量：_____L 醋酐库存量：_____L 签收人：_____ 物料复核人：_____ 日期：　　年　　月　　日
清场	要求	1. 工器具、容器清理干净,放回原处,摆放整齐； 2. 地面无积水、无粉尘,洁净	清场人：_____ 复核人：_____ 日期：　　年　　月　　日
	内容	设备　计量罐□　计量泵□　台秤□　其他□_____ 工器具、容器□　　地面□	
异常(突发)情况记录及处理：无异常□　异常情况□_____ 考核等级：优□　良□　合格□			记录人：_____ 岗位操作考核人：_____

笔记

五、质量控制

进厂的原辅料都要经过质量检验，合格后才能入库。阿司匹林合成的原料是水杨酸和醋酐，根据生产要求，水杨酸质量检查项目包括性状、鉴别、含量测定、游离苯酚含量 4 个项目，醋酐的质量检查项目主要是醋酐的含量与性状。水杨酸质量检测报告见表 1-1-3，醋酐质量检测报告见表 1-1-4。

表 1-1-3　水杨酸质量检测报告

产 品 名 称	水 杨 酸	检 验 依 据	按《中国药典》　年版　　部		
批　　　号		批　　　量			
请 验 部 门		有 效 期 至	年	月	日
检 验 项 目		报 告 日 期	年	月	日

检 验 项 目	标 准 规 定	检 验 结 果
【性　状】	本品应为白色块状和粉末，允许微带黄色和淡粉红色。	
【鉴　别】	取本品的水溶液,加三氯化铁试液 1 滴,即显紫堇色。	
【含　量】	以干燥品计,应≥99%。	
【游离苯酚含量】	游离苯酚含量应≤0.20%(W/W)。	

结　论：本品按《中国药典》　　年版　　部检验,结果

检验员：	复核人：	QC 主管：	QA 审核人员：

表 1-1-4　醋酐质量检测报告

产 品 名 称	醋 酐	检 验 依 据	按国家标准 GB/T 10668—2000		
批　　　号		批　　　量			
请 验 部 门		有 效 期 至	年　　　月　　　日		
检 验 项 目		报 告 日 期	年　　　月　　　日		

检 验 项 目	标 准 规 定	检 验 结 果
【性　状】	本品外观应为透明液体, 色度不深于铂-钴色号 25 号。	
【含　量】	本品含量应≥98%。	

结　　论:本品按国家标准 GB/T 10668—2000 检验,结果

检验员:　　　　　　　复核人:　　　　　　　QC 主管:　　　　　　　QA 审核人员:

笔记

六、认识设备

1. 计量罐

计量罐是用来存储液体、粉末颗粒等物料并可以计算其体积、容量的一种储罐。其工作原理是采用液位计、超声波检测仪、压力测量仪等仪器，通过测量物料在容器中高低位差计算出物料贮存量，并可以根据生产工艺和技术要求，将测量到的物料高低位差通过信号放大自动控制物料进出口执行部件（如泵、阀等），对物料进行有效的计量和控制。计量方式有定量检测和称重检测两种。计量罐根据所使用的材料分为碳钢、铝、钛、塑料等，大容量计量罐采用碳钢外壳内衬防腐有色金属板、碳钢外壳内衬塑和衬胶。结构有立式、卧式两种形式。它的特点是结构简单、操作方便、可实现自动化控制，适用于物料贮存、计量精度要求不高的场合使用，广泛应用于化工、化学、石油、冶金、制药、印染、制盐、化肥等行业。

2. 计量泵

计量泵也称定量泵或比例泵，是一种流量可以在 $0\sim100\%$ 范围内无级调节，用来输送液体（特别是腐蚀性液体）的特殊容积泵。计量泵由动力驱动、流体输送和调节控制三大部分组成，在调节流量时具有保持排出压力恒定不变的特点，一般可分为柱塞计量泵和隔膜计量泵两大类。物料经由储罐进入计量罐，进而通过计量泵进入车间（见图 1-1-2）。

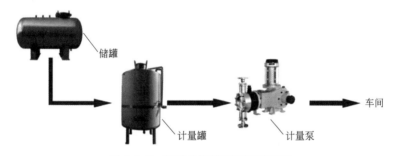

储罐

计量罐　计量泵　车间

图 1-1-2　物料从储罐到车间流程图

七、知识链接

水杨酸——阿司匹林的前身

SP1-3　水杨酸——阿司匹林的前身

　　早在 2500 年前，古希腊和古埃及人就用柳树皮来缓解疼痛，中国古人也很早就发现了柳树的药用价值，我国中医四大经典著作之一的《神农本草经》就记载了"柳之根、皮、枝、叶均可入药"，有祛痰明目、清热解毒、利尿防风之效，外敷可治牙痛；而唐朝《外台秘要》一书里，记载用柳叶治黄疸，明代李时珍用柳叶治疗白浊、解丹毒、消痈肿。随着化学学科的飞速发展，一直到 19 世纪，人们才逐渐认识到，柳树皮中含有特殊的化学成分——水杨苷，是治疗疾病的主要原因。后来，意大利化学家拉斐尔·皮尔发现水杨苷水解、氧化变成水杨酸，药效要比水杨苷更好。但是水杨酸直接作为药物会刺激胃黏膜，大量服用能引起呕吐、腹泻、腹痛，且因味道难闻而不易为患者接受。这是由于水杨酸具有两个酸性基团，一个是羧基，另一个是酚羟基，对胃肠道的刺激性很大。1897 年，德国拜耳公司的化学家费利克斯·霍夫曼在水杨酸分子的酚羟基上加了一个乙酰基，发明了乙酰水杨酸，也就是现在的阿司匹林，既减轻了对胃部的刺激，又增强了治疗效果。

水杨苷 → 水杨酸 → 乙酰水杨酸(阿司匹林)

八、岗位综合能力考核

（一）岗位素养考核

1. 基本要求

(1) 着装符合要求： 工作服□ 运动鞋□ 长发扎起□

(2) 严谨认真的科学态度： 实训期间严肃认真□ 做好记录□ 不嬉戏打闹□

(3) 安全意识、劳动素养： 操作规范□ 操作区整洁□

2. 案例分析

阿司匹林为何能被称为百年神药？从它的发展史寻找成功背后的原因。

（二）岗位知识考核

1. 单项选择题

(1) 常温是指（ ）。

A. 0～10℃   B. 1～40℃   C. 20～25℃

(2) 以下不符合原辅料包装要求的是（ ）。

A. 包装于符合食品卫生标准的容器内   B. 封口严密   C. 外厢受潮破损

(3) 物料使用时应遵循的原则是（ ）。

A. 先进先出   B. 后进后出   C. 随意进出

2. 判断题（正确画√，错误画×）

(1) 计量时不需要再次核实物料信息。   （ ）

(2) 原料可直接放在地上。   （ ）

(3) 原料外袋破损，如无异常，可正常使用。   （ ）

3. 多项选择题

(1) 原料在入厂检验时，需要核对的信息有（ ）。

A. 名称   B. 批次   C. 数量   D. 外观

(2) 每批原料取样时，应对产品的包装标识，包括（ ）等项目进行检验。

A. 产品名称或代码   B. 生产日期   C. 保质期   D. 净含量   E. 合格证

4. 简答题

(1) 简述水杨酸和醋酐的理化性质、安全等级、存储要求及入库质检指标。

(2) 简述浓硫酸的理化性质、安全等级、存储要求及入库质检指标。

（三）岗位技能考核（见表 1-1-2）

备料岗位综合考核等级：优□ 良□ 合格□

岗位二
酰化反应

一、岗位概述

以水杨酸和醋酐为原料的酰化反应是阿司匹林合成中唯一一步化学反应，在此岗位完成阿司匹林的合成、反应终点的控制及原料药的质量控制。

二、酰化反应工艺流程

阿司匹林的合成以水杨酸和醋酐为原料，经酰化反应后还要经过中控分析，即反应物中游离水杨酸的含量检测，符合要求后才能终止反应进入后处理阶段。酰化反应的工艺流程如图 1-2-1 所示。

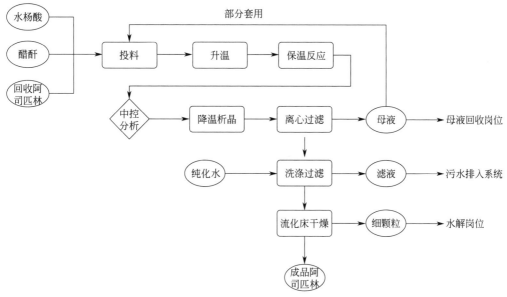

图 1-2-1　酰化反应工艺流程图

三、岗位任务与要求

1．物料特性

（1）水杨酸：白色针状或柱状结晶，无臭；味微甜后转辛，腐蚀皮肤或引起过敏性皮炎，易刺激呼吸道黏膜引起炎症。含量≥99%，含酚≤0.2%，含水≤0.4%，熔点 158～161℃，不得有异物。

（2）醋酐：无色透明液体，有刺激性味道，因具有脱水性质而会灼烧皮肤、强烈刺激呼吸道、催泪和灼伤眼球。含量≥98%，冰点-73℃，沸点 139.6℃。

2. 岗位任务与要求

岗位任务与要求见表 1-2-1。

表 1-2-1　酰化岗位任务与能力素质要求

岗位操作		岗位任务	能力素质要求
投料前检查	原辅料	检查当批用原料和回收物料检验报告单是否齐全且合格	1. 具备责任意识,投料前认真核对使用原料的数量、质量及外观,原料质量需经检验合格; 2. 具备安全生产的职业素质和意识,投料前确保各阀门、搅拌器开关正常,反应釜检漏; 3. 具备开启和关闭各种阀门、搅拌器的能力和各种压力表读数能力
		检查水杨酸、醋酐的重量、外观,不合格不得使用	
	设备	完整全面地填好各项记录	
		投料前检查各设备及其辅助设备是否完好	
		检查各类仪表是否完好	
		检查水电气是否供应正常	
投料		根据生产指令计算应加物料重量	1. 具备严谨细致的工作态度和精益求精的职业精神,能准确计算及计量投料量并及时记录; 2. 具备根据中控分析报告判断反应终点的能力
		物料计量与放料准确	
		反应设备的开启与关闭符合要求	
		准确填写批生产记录	

笔记

四、岗位操作与记录

1. 工艺操作

将已计量的精制水杨酸 830kg 投入乙酰化反应釜，再通过计量泵抽入 576L 醋酐，从计量罐加入 250L 本步反应的母液，启动搅拌器，打开反应釜夹套蒸汽阀，缓慢升温至 75℃，并在此温度范围内保温搅拌 6h，取反应物料进行中控分析，当游离水杨酸含量≤0.014% 后，关闭蒸汽阀门，通入常温冷却水，缓慢降温至 40～50℃，关闭循环冷却水进出阀门，打开压缩空气阀门，将夹套内冷却水压出，关闭压缩空气阀门，打开冷冻盐水进出阀门，将釜内物料缓慢降温至 14～18℃，降温时间持续 3～4h。

SP1-4　酰化反应工段操作流程

2. 操作过程与记录

操作过程与记录见表 1-2-2。

表 1-2-2　酰化反应岗位操作规范与工单记录

操作		操作过程控制	操作过程记录
投料前检查	设备	1. 检查酰化反应釜底阀是否有泄漏； 2. 检查酰化反应釜搅拌器是否正常； 3. 检查酰化反应釜内是否有物料； 4. 检查各阀门的开关是否正常； 5. 确认蒸汽压力≥0.4MPa,水压≥0.3MPa	反应釜底阀无泄漏、无异物□ 搅拌器检查正常确认□ 各阀门开关完好检查确认□ 蒸气压：____～____MPa 水压：____～____MPa 检查人：_____ 复核人：_____ 日期：　　年　　月　　日
	醋酐	1. 检查醋酐检验报告并根据批生产指令核对投料量,确认无误后打开酰化反应釜上的进料阀门； 2. 打开醋酐磁力泵,进料至设定重量后自动停止,关闭酰化反应釜的进料阀门； 3. 核实醋酐中间罐的剩余物料和实际加入物料是否准确,并填写批生产记录	醋酐投料量核对□ 醋酐中间罐原始贮存量：_____L 醋酐中间罐剩余量：_____L 酰化反应釜加料口打开□ 水杨酸投料量核对□ 操作人：_____
	水杨酸	检查水杨酸检验报告并核对投料量,确认无误后用电动葫芦将水杨酸半吨包吊起,沿着道轨吊至酰化反应釜的上方	复核人：_____ 日期：　　年　　月　　日
酰化反应		1. 关进水阀,开排水阀;打开压缩空气将夹套内的水排净后,关闭压缩空气进气阀,关排水阀； 2. 打开酰化反应釜加料口,水杨酸通过放料口加入酰化反应釜中,放料完毕后,盖好酰化反应釜加料口； 3. 从计量罐加入 250L 本步反应的母液；	水杨酸投料量：_____kg 酰化反应釜加料口关闭□ 母液投料量：_____L 蒸气压：____～____MPa 搅拌速率：_____r/min 保温温度：____～____℃ 保温时间：____～____

操作	操作过程控制	操作过程记录
酰化反应	4. 打开酰化反应釜夹层排气阀,启动搅拌器,打开蒸汽进汽阀(蒸汽压力≤0.5MPa),缓慢升温至75℃,关蒸汽进汽阀,保温搅拌6h; 5. 取反应物料,对其中游离水杨酸限度进行测定,合格后关闭蒸汽阀门; 6. 通入常温冷却水,缓慢降温至40℃,关闭冷却水,打开压缩空气阀门,将夹套内冷却水压出; 7. 关闭压缩空气阀门,打开冷冻盐水进出阀门,将釜内物料降温至14~18℃,降温3~4h; 8. 待接到结晶岗放料通知后,开釜底放料阀,将酰化反应釜内物料缓慢分次放入已铺好滤袋的全自动离心机内	常温冷却温度:____~____℃ 冷冻盐水冷却温度:____~____℃ 降温持续时间:____~____ 操作人:_____ 复核人:_____ 日期:　　年　　月　　日 游离水杨酸限度　合格□　不合格□ 取样人:_____ 检测人:_____ 日期:　　年　　月　　日
清场	按要求清场: 设备□ 工器具□ 容器□ 地面□ 其他□_____	清场人:_____ 复核人:_____ 日期:　　年　　月　　日
异常(突发)情况记录及处理:无异常□　异常情况□_____　记录人:_____ 　　　　　　考核等级:优□ 良□ 合格□　　　　　　岗位操作考核人:_____		

笔记

五、质量控制

酰化反应结束前，要对反应物中原料水杨酸的含量进行限度检查，以确定水杨酸已基本转化为产物，才可以停止反应。企业生产中，为了方便快捷地判断反应终点，常采用比色法。反应物中游离水杨酸限度检测原始报告见表 1-2-3，阿司匹林原料药质量检验报告见表 3-3-4 及表 3-4-4。

表 1-2-3　阿司匹林中游离水杨酸限度的原始检测报告

产　品　名　称	阿司匹林	检 验 依 据	按企业标准 QB＿＿＿＿＿		
批　　　号		批　　　量			
请 验 部 门		有　效　期　至	年	月	日
检 验 项 目		报 告 日 期	年	月	日

【游离水杨酸】（标准：与水杨酸对照液比色，不得更深）

待酰化反应 75℃ 保温结束，在釜内取样，用滤纸吸干液体，精密称取 0.1g 样品，加入 50mL 比色管中，再加 2mL 乙醇振摇溶解后，用纯化水稀释至刻度，立即加入 1mL 硫酸铁铵试液振摇，得到样品溶液，30s 内与水杨酸对照液比色，不得更深。

水杨酸对照液：吸取水杨酸标准溶液（0.1％）0.14mL 于 50mL 比色管中，加入 2mL 乙醇，用纯化水稀释至刻度，立即加入 1mL 硫酸铁铵试液振摇即得。

实验结果：样品溶液与对照液比较，颜色＿＿＿＿＿＿＿＿＿。

结论：本品按企业标准 QB＿＿＿＿＿ 检验，结果

检验员：　　　　　　复核人：　　　　　　QC 主管：　　　　　　QA 审核人员：

六、认识设备

1. 反应釜

SP1-5 反应釜

反应釜是一个密闭并带搅拌功能的容器（见图 1-2-2），其结构一般由釜体、传动装置、搅拌装置、加热装置、冷却装置、密封装置组成，通过不同的结构设计和各种配套设备，可以实现加热、冷却、蒸发、分馏、萃取及搅拌混合等功能，广泛应用于化工、医药、生物、食品、染料等行业。

根据不同的分类依据，反应釜可分为以下几类。

① 釜体根据不同的材质可分为：碳钢反应釜、不锈钢反应釜和搪玻璃反应釜；

② 根据制造结构可分为开式平盖式反应釜、开式对焊法兰式反应釜和闭式反应釜三大类；

③ 按照工作时内压可分为常压反应釜、正压反应釜、负压反应釜；

④ 按照传热结构可分为夹套式、外半管式、内盘管式及组合式。

阿司匹林合成采用的是搪玻璃常压反应釜，因为醋酐有腐蚀性。采用夹套式加热和冷却。

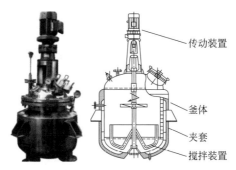

图 1-2-2　反应釜的结构

2. 搅拌装置

搅拌器是使液体、气体介质强迫对流并均匀混合的器件。按照搅拌形式分为桨式、锚式、框式、涡轮式、推进式等，其适用范围和参数见表 1-2-4。

表 1-2-4　搅拌器常见类型及适用范围

搅拌器类型	搅拌器形状	适用场合	最高黏度/Pa·s	最高搅拌转速/(r/min)
桨式		低黏度液体的混合、固体微粒的溶解	50	300
锚式		黏度较高的液体和稠浆	100	100

搅拌器类型	搅拌器形状	适用场合	最高黏度 /Pa·s	最高搅拌转速 /(r/min)
框式		粥状物料的搅拌	100	100
涡轮式		气体及不互溶液体的分散、液-液相反应	50	300
推进式		固、液相催化悬浮反应	2	500

七、知识链接

阿司匹林合成副产物的来源

（1）水杨酰基水杨酸——两分子水杨酸酰化缩合产物。

水杨酰基水杨酸

（2）乙酰水杨酰基水杨酸——水杨酰基水杨酸与醋酐酰化缩合产物。

乙酰水杨酰基水杨酸

（3）乙酰水杨酸酐——两分子乙酰水杨酸在醋酐催化下脱水产物。

乙酰水杨酸酐

八、岗位综合能力考核

（一）岗位素养考核

1. 基本要求

（1）着装符合要求：　　　工作服□　　　运动鞋□　　　　　长发扎起□

（2）严谨认真的科学态度：实训期间严肃认真□　做好记录□　　　不嬉戏打闹□

（3）安全意识、劳动素养：操作规范□　　　　　　操作区整洁□

2. 案例分析

吗啡和可待因都是从鸦片中提取的物质，前者可以作为止痛药，后者则是治疗咳嗽的良药，但成瘾性是这两种药物共同的缺点，研究的热点在于如何克服成瘾性而保留活性。1897年，两周前刚合成了阿司匹林的霍夫曼根据拜耳公司的要求，对吗啡同样进行了乙酰化改造，首次合成了二乙酰吗啡，然而，得到的却不是可待因而是海洛因，止痛效果远高于吗啡。但是，在没有进行彻底的临床试验的情况下，公司便将它上市销售，一直到20世纪30年代。如今，海洛因作为毒品之王，其危害已被人们熟知并被明确禁止。霍夫曼一生中有诸多发明创造，但正是因为阿司匹林和海洛因，让他成为站在天使与魔鬼之间那个颇为无奈而尴尬的人。

这个案例对我们树立正确的价值观和增强法律意识有何启发？试写出心得体会。

（二）岗位知识考核

1. 单项选择题

（1）以下与阿司匹林的性质不符的是（　　）。

A. 具有退热作用　　　　　　　　　　B. 遇湿会水解成水杨酸和醋酸

C. 极易溶解于水　　　　　　　　　　D. 具有抗炎作用

E. 有抗血栓形成作用

（2）易溶于水可以制作注射剂的解热镇痛药是（　　）。

A. 乙酰水杨酸　　　B. 双水杨酯　　　C. 乙酰氨基酚　　　D. 安乃近

（3）《中国药典》采用硫酸铁铵试剂检查阿司匹林中的（　　）。

A. 水杨酸　　　　　B. 苯酚　　　　　C. 水杨酸苯酯　　　D. 乙酰苯酯

E. 乙酰水杨酸苯酯

2. 多项选择题

（1）药典规定检查乙酰水杨酸中碳酸钠不溶物是检查（　　）。

A. 游离水杨酸　　　B. 苯酚　　　　　C. 水杨酸苯酯　　　D. 乙酰苯酯

E. 乙酰水杨酸苯酯

（2）阿司匹林的性质有（　　）。

A. 加碱起中和反应　　　　　　　　　B. 能发生水解反应

C. 在酸性条件下易解离　　　　　　　D. 能形成分子内氢键

E. 遇三氯化铁显色

3. 简答题

（1）写出阿司匹林合成反应方程式。

（2）阿司匹林合成和存储中可能存在哪些杂质？水杨酸限量检查的原理是什么？

（三）岗位技能考核（见表 1-2-2）

酰化反应岗位综合考核等级：优□　　　良□　　　合格□

岗位三
母液回收

一、岗位概述

药物合成反应不能进行得十分完全，常会存在副产物，且产物也不一定能从反应混合物中完全分离出来，故在析出主产物的反应母液中常含有一定数量的未反应原料、副产物和少量主产物。除了通过控制和优化反应工艺提高原料转化率，母液中的这些成分如果不加以回收利用，不仅会导致原料和主产物的浪费，还会造成"三废"污染，因此在工艺设计中应充分考虑物料的回收与利用，以降低原辅材料消耗，提高产品收率，这不仅是降低成本，也是实现绿色合成的重要措施。阿司匹林的合成工艺中，母液回收岗位任务主要是实现母液中醋酐的水解、副产物冰醋酸和阿司匹林粗品的回收。

二、母液回收工艺流程

乙酰化岗位过滤出的母液，经过醋酐水解、减压蒸馏，可回收副产品冰醋酸；母液进一步真空抽滤，冷却析晶、过滤，可回收阿司匹林粗品，对回收阿司匹林进行质量检查，杂质合格的转入乙酰化岗位套用，不合格的到水解岗位将其水解为水杨酸实现原料回收，母液回收减轻了环保污水处理的压力。母液回收的流程如图 1-3-1 所示。

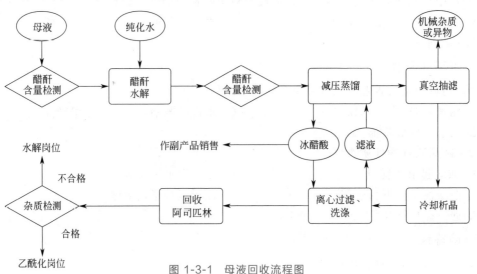

图 1-3-1 母液回收流程图

三、岗位任务与要求

1. 物料特性

冰醋酸：无色至淡黄色液体或低熔点固体，有刺激性酸臭，味酸。易燃，有害，具腐蚀性。对水体有轻度危害。pH2.5（50g/L，H_2O，25℃），熔点16～17℃，沸点116～118℃。

2. 岗位任务与要求

岗位任务与要求见表1-3-1。

表1-3-1 母液回收任务与能力素质要求

岗位操作	岗位任务	能力素质要求
蒸馏	醋酐含量检测 醋酐水解 减压蒸馏	1. 具备判断母液中醋酐水解程度的能力； 2. 能准确计算纯化水投料量并及时记录； 3. 具备规范操作蒸馏釜并进行冰醋酸回收的能力； 4. 具备安全生产理念和认真严谨的工作态度
结晶	真空抽滤 析晶、过滤、洗涤，回收阿司匹林 质量检查	1. 具备操作真空泵并对物料进行过滤的能力； 2. 具备操作结晶釜并对产品进行析晶的能力； 3. 具备判断回收阿司匹林合格的能力； 4. 通过母液回收，树立减少"三废"污染的环保意识

四、岗位操作与记录

1. 工艺操作

反应物料过滤后的母液,除乙酰化岗位套用250L后,剩余部分输入回收岗位的蒸馏釜进行减压蒸馏(真空度-0.08～-0.1MPa、温度不超过85℃),收集馏出的冰醋酸。经蒸馏浓缩后的物料趁热过滤,滤液抽入结晶釜,冷却析晶,离心分离,用20L冰醋酸洗涤,滤液再进入蒸馏釜循环蒸馏。离心过滤后的固体物料装袋,检验合格后送至乙酰化岗位套用,若检验不合格,送至粗品水解岗位。

2. 操作过程与记录

操作过程与记录见表1-3-2。

表1-3-2 母液回收岗位操作过程与记录

岗位操作	操作过程控制	操作过程记录
生产前检查	1. 检查核对母液数量及性状; 2. 检查蒸馏釜、结晶釜底阀是否有泄漏	母液检查核对□ 设备检查确认□ 检查人:_____ 核对人:_____ 日期: 年 月 日
回收冰醋酸	1. 计量罐存放上一工序交来的母液,验收母液总量; 2. 母液中醋酐含量检测; 3. 根据醋酐含量加入适量纯化水进行母液水解; 4. 水解后母液中醋酐含量检测,合格后进行减压蒸馏; 5. 开启真空泵,将母液抽入蒸馏釜,待力降至-0.08MPa时,开启蒸汽加热以保持釜内液体沸腾,蒸汽表压≤0.1MPa,同时开启冷却水阀; 6. 调节蒸汽阀控制沸腾,使泡沫不超过视镜上端,以防冲料。保持真空表压-0.08～-0.1MPa,液体温度≤85℃; 7. 回收结束,关闭蒸汽阀、冷却水阀,关闭真空泵; 8. 收液缸内回收冰醋酸	母液总量:_____ L 纯化水加入量:_____ L 真空泵启动□ 蒸汽阀开启□ 加热前蒸馏釜压力:____～____MPa 真空表压:____～____MPa 冷却水阀开启□ 蒸汽阀关闭□ 液体温度:____～____℃ 冷却水阀关闭□ 真空泵关闭□ 回收冰醋酸量:_____ L 操作人:_____ 复核人:_____ 日期: 年 月 日 母液中醋酐含量:_____% 水解后醋酐含量:_____% 取样人:_____ 检测人:_____ 日期: 年 月 日
回收阿司匹林	1. 浓缩后的物料趁热过滤,滤液抽入结晶釜; 2. 冷却析晶,离心分离; 3. 用回收冰醋酸洗涤,滤液再进入蒸馏釜循环蒸馏;	冷却析晶温度:____～____℃ 离心机转速:____～____r/min 洗涤冰醋酸用量:_____ L 固体物料重量:_____ kg 操作人:_____ ;复核人:_____ 日期: 年 月 日

岗位操作	操作过程控制	操作过程记录
回收阿司匹林	4. 离心过滤后的固体物料装袋,回收阿司匹林; 5. 对回收阿司匹林进行质量检查,包括阿司匹林含量、游离水杨酸和溶液澄清度,检测合格,送至乙酰化岗位套用;检测不合格,送至粗品水解岗位	含量测定:合格□　不合格□ 游离水杨酸含量:合格□　不合格□ 溶液的澄清度:合格□　不合格□ 取样人:_____ 检测人:_____ 日期:　　年　　月　　日
清场	按要求清场: 设备□ 工器具□ 容器□ 地面□ 其他□_____	清场人:_____ 复核人:_____ 日期:　　年　　月　　日

异常(突发)情况记录及处理:无异常□　异常情况□_____　　记录人:_____
　　　　考核等级:优□ 良□ 合格□　　　　　　　　岗位操作考核人:_____

✎ 笔记

五、质量控制

由于阿司匹林合成的副产物为醋酸，因此母液中主要含有醋酸、少量未反应的醋酐和杂质含量较高的阿司匹林。其中冰醋酸通过减压蒸馏回收作为副产品销售，回收的阿司匹林经质量检查，合格的进入乙酰化岗位进行生产套用，不合格的进入水解岗位，将其水解为原料水杨酸用于生产套用，节约成本。对于回收的阿司匹林要经过相关项目的质量检验，主要包括含量测定、游离水杨酸含量和溶液的澄清度 3 个项目，每个生产企业都会制定相应的检测项目和企业质量标准。经检验合格的阿司匹林转入乙酰化岗位套用，不合格的去水解岗位将其水解为水杨酸实现原料回收，回收阿司匹林质量检测报告见表 1-3-3。

表 1-3-3　回收阿司匹林质量检测报告

产　品　名　称	回收阿司匹林	检　验　依　据	按企业标准 QB_____		
批　　　　号		批　　　　量			
请　验　部　门		有　效　期　至	年　　月　　日		
检　验　项　目		报　告　日　期	年　　月　　日		
检 验 项 目 【含量测定】 【游离水杨酸】 【澄 清 度】	标　准　规　定 不得少于 96.5%。 不得过 0.25%。 应澄清透明。		检　验　结　果		
结　论：　本品按企业标准 QB_____　检验，结果					
检验员：　　　复核人：　　　　　　QC 主管：　　　　　　QA 审核人员：					

笔记

六、认识设备

蒸馏釜

蒸馏是利用混合液体或液-固体系中各组分沸点不同,通过加热使低沸点组分蒸发,再冷凝以分离整个组分的单元操作,工业生产中该操作是在蒸馏釜中完成的。蒸馏釜一般由釜盖、釜体、进料口、馏分蒸汽出口、釜残液出口、加热系统及冷凝系统等部件构成(见图1-3-2)。根据工艺要求,有时需增加搅拌系统。

在实际生产中,蒸馏釜的类型繁多,通常是根据蒸馏的方式或操作条件对其进行分类。例如:按操作压强将其分为常压蒸馏釜和减压蒸馏釜。其中,减压蒸馏釜适用于沸点较高及在常压蒸馏时易分解、氧化和聚合的物质。有时为了在蒸馏、回收大量溶剂时提高蒸馏速率,也会使用减压蒸馏釜。减压蒸馏的原理是通过降低容器的真空度,使液体表面上的压力下降,从而降低液体沸点、分离、提纯有机物。

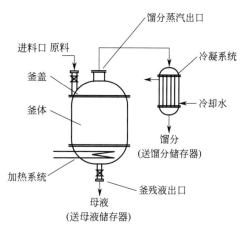

图 1-3-2 蒸馏釜的基本构造

一般情况下,蒸馏釜采用间接加热方式,加热剂通常是具有一定压力的饱和水蒸气,通过改变蒸汽压力调节加热温度,操作方便安全。当加热温度要求很高时,可使用高沸点的有机载热体加热或者电加热。

七、知识链接

绿色合成是一种从源头上防止环境污染,控制"三废"排放的理想化学技术。最理想的是采用"原子经济"反应,即原料分子中的每一原子都转化成产品,在过程和终端均为零排放或零污染,不产生任何废物和副产物,从而实现反应的绿色化。绿色合成实现了防污工作由被动到主动的转变,与传统的"末端治理"相比具有更深远的意义。

八、岗位综合能力考核

(一)岗位素养考核

1. 基本要求

(1)着装符合要求:　　　　工作服□　　　　运动鞋□　　　　长发扎起□
(2)严谨认真的科学态度:　实训期间严肃认真□　做好记录□　不嬉戏打闹□
(3)安全意识、劳动素养:　操作规范□　　　　　　操作区整洁□

2. 案例分析

(1)某药厂新进实习生在原料药生产车间学习回收工艺,他向带教老师提问:"回收溶剂的质量标准是否必须与新购进的溶剂一致,还是可以宽于新的溶剂?"如果你是带教老师会如何回答呢?

(2)人与自然的和谐相处是现代工业化发展之路,环保问题成为阻碍原料药企业发展的一大问题,在阿司匹林原料药的生产中,母液回收岗位是如何践行绿水青山就是金山银山的环保理念的?

(二)岗位知识考核

1. 单项选择题

(1)阿司匹林通过(　　)方法进行母液回收。

A. 常压蒸馏　　　　B. 减压蒸馏　　　　C. 加热水解　　　　D. 萃取

(2)阿司匹林母液回收环节回收的产品是(　　)。

A. 醋酐　　　　　　B. 水杨酸　　　　　C. 稀硫酸　　　　　D. 醋酸

(3)回收的阿司匹林检测不合格,去向(　　)岗位。

A. 粗品水解　　　　B. 酰化　　　　　　C. 干燥　　　　　　D. 备料

(4)回收的阿司匹林检测合格,去向(　　)岗位。

A. 粗品水解　　　　B. 酰化　　　　　　C. 干燥　　　　　　D. 备料

2. 多项选择题

(1)阿司匹林生产中反应母液的循环套用可(　　)。

A. 降低原辅材料消耗　　　　　　　B. 提高产品收率

C. 减少环境污染　　　　　　　　　D. 降低产品成本

(2)蒸馏釜按加热方式可分为(　　)。

A. 不锈钢蒸馏釜　　　　　　　　　B. 电加热式蒸馏釜

C. 蒸汽加热式蒸馏釜　　　　　　　D. 热油加热式蒸馏釜

3. 简答题

(1)写出母液进行减压蒸馏的原因。

(2)写出回收的母液中可能存在的物质。

(3)简述母液回收的操作步骤,有哪些副产品及其去向。

(三)岗位技能考核(见表1-3-2)

母液回收岗位综合考核等级:优□　　　良□　　　合格□

岗位四

粗品水解

一、岗位概述

在阿司匹林合成中，水解岗位的职责主要是将在母液回收岗位和干燥岗位中产生的不合格阿司匹林经水解处理，将其转化为水杨酸而重新作为原料套用，从而实现反应工艺的原子经济性。

二、水解工艺流程

将回收的不合格阿司匹林经过碱性水解、加酸中和、离心过滤、洗涤与真空干燥等步骤，得到水杨酸粗品，再通过升华精制水杨酸，质量检查合格后，至酰化岗位作为生产原料套用。粗品的水解回收减少了原材料消耗，符合国家绿色清洁生产的要求，实践了"变废为宝"的环保理念。粗品水解的流程如图 1-4-1 所示。

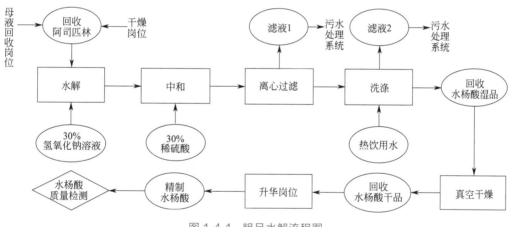

图 1-4-1 粗品水解流程图

三、岗位任务与要求

1. 物料特性

（1）30%氢氧化钠溶液：碱性、无色水溶液，有强烈刺激和腐蚀性，直接接触皮肤和眼可引起灼伤，误服可造成消化道灼伤、黏膜糜烂、出血和休克。对水体有轻度危害。

（2）30%稀硫酸：无色透明液体，显酸性，有刺鼻气味。对水体有轻度危害。

2. 岗位任务与要求

岗位任务与要求见表 1-4-1。

表 1-4-1　粗品水解岗位任务与能力素质要求

岗位操作	岗位任务	能力素质要求
粗品水解	阿司匹林粗品水解 水杨酸钠酸化 水杨酸离心、过滤 水杨酸湿品干燥	1. 具备操作水解釜、离心机的能力； 2. 具备调节溶液 pH 的能力； 3. 具备安全生产意识，谨慎使用危险化学品； 4. 具备操作双锥真空干燥器对物料进行干燥的能力
升华	水杨酸升华 水杨酸质量检查	1. 具备操作升华釜对产品进行升华的能力； 2. 具备"变废为宝"的绿色清洁生产的环保理念

笔记

四、岗位操作与记录

1. 工艺操作

将干燥岗位产生的细粉、质量检查不合格的回收阿司匹林加入水解釜中，加纯化水适量，启动搅拌器，打开蒸汽阀，加热至70~80℃，缓慢加入30%氢氧化钠溶液调节物料pH至10~12，于70~80℃保温搅拌1h，向该水解釜中缓慢加入30%稀硫酸调节pH至1.7~1.9，降温至20~30℃，物料放入离心机内，离心过滤，排尽滤液后，热水淋洗滤饼至颜色变成类白色，停机卸料，即得湿品水杨酸。采用真空进料，将该湿品水杨酸抽入双锥真空干燥器内，在70~80℃下真空干燥8h，即得回收水杨酸，将其转移至升华岗位进行精制纯化。水杨酸粗品在夹套蒸汽压力为0.785~0.95MPa、真空度−0.098MPa、温度140℃的升华釜内进行升华，当升华结束，降温至80℃出料，收集凝华仓中的水杨酸精品，检验合格后送至乙酰化岗位套用。

2. 操作过程与记录

操作过程与记录见表1-4-2。

表1-4-2　粗品水解岗位操作过程与操作记录

岗位操作	操作过程控制	操作过程记录
生产前检查	1. 检查核对待回收阿司匹林的数量及性状； 2. 检查水解釜、离心机、真空干燥器设备完好	物料数量已核对□　设备已检查□ 检查人：_____；核对人：_____； 日期：　　年　　月　　日
粗品水解	1. 回收阿司匹林存放于水解岗位物料存放区，将其加入水解釜中，加适量纯化水，启动搅拌器； 2. 打开回气阀，再缓慢打开蒸汽阀，加热至70~80℃。由计量罐缓慢加入30%氢氧化钠溶液调节物料pH至10~12，于70~80℃保温搅拌1h； 3. 由计量罐向该水解釜中缓慢加入30%稀硫酸调节pH至1.7~1.9。先开回水阀，后开冷却水阀门，降温至20~30℃； 4. 物料放入离心机内，离心过滤，排尽滤液后，热水淋洗滤饼至颜色变成类白色，停机卸料； 5. 真空进料，将湿品水杨酸抽入双锥真空干燥器内，在−0.1MPa，70~80℃，真空干燥8h	回收阿司匹林量：_____kg 纯化水加入量：_____L 启动搅拌器□　蒸汽阀打开□ 加热温度：_____~_____℃ 30%氢氧化钠加入量：_____L pH_____~_____；保温时间：_____~_____ 30%稀硫酸加入量：_____L pH_____~_____ 开回水阀及冷却水阀□ 冷却温度：_____~_____℃ 离心机转速：_____~_____r/min 热水淋洗滤饼□　停机卸料□ 真空表压力：_____~_____MPa 干燥温度：_____~_____℃ 干燥时间：_____~_____ 操作人：_____；复核人：_____； 日期：　　年　　月　　日

岗位操作	操作过程控制	操作过程记录
升华	1. 物料转移至升华釜,在夹套蒸汽压力为 0.785～0.95MPa、真空度－0.098MPa、温度 140℃ 条件下进行升华; 2. 升华结束,降温至 80℃ 出料,收集凝华仓中的水杨酸精品; 3. 水杨酸质量检查:性状、鉴别、含量、游离苯酚含量、碱中不溶物	升华釜蒸汽压力:＿＿＿＿＿～＿＿＿＿＿MPa 真空表压力:＿＿＿＿＿～＿＿＿＿＿MPa 升华温度:＿＿＿＿＿～＿＿＿＿＿℃ 出料温度:＿＿＿＿＿～＿＿＿＿＿℃ 水杨酸精品重量:＿＿＿＿＿kg 操作人:＿＿＿＿＿ 复核人:＿＿＿＿＿ 日期:＿＿＿年＿＿＿月＿＿＿日 水杨酸质量检查:合格□ 不合格□ 取样人:＿＿＿＿＿ 检测人:＿＿＿＿＿ 日期:＿＿＿年＿＿＿月＿＿＿日
清场	按要求清场: 设备□ 工器具□ 容器□ 地面□ 其他□＿＿＿＿＿	清场人:＿＿＿＿＿ 复核人:＿＿＿＿＿ 日期:＿＿＿年＿＿＿月＿＿＿日
异常(突发)情况记录及处理:无异常□ 异常情况□＿＿＿＿＿ 记录人:＿＿＿＿＿＿＿＿		
考核等级:优□ 良□ 合格□ 岗位操作考核人:＿＿＿＿＿		

笔记

五、质量控制

回收阿司匹林经检验不合格后要先经水解将其转化为水杨酸，再通过升华精制而重新作为原料套用，按照企业标准对回收的水杨酸进行质量检查，包含干燥失重、硫酸盐、含量测定 3 个项目，其质量检测报告见表 1-4-3。

表 1-4-3　水杨酸（粗品水解岗）质量检测报告

产品名称	水杨酸（粗品水解岗）		检验依据	按企业标准 QB_____		
批　　号			批　　量			
请验部门			有效期至	年	月	日
检验项目			报告日期	年	月	日
检验项目	标准规定			检验结果		
【含　量】	本品含量应$\geqslant 85\%(W/W)$。					
【硫酸盐】	硫酸盐含量应$\leqslant 0.5\%(W/W)$。					
【干燥失重】	本品干燥失重应$\leqslant 15.0\%(W/W)$。					
结　论:本品按企业标准 QB_____检验,结果　　　　.						
检验员:　　　　复核人:　　　　QC 主管:　　　　QA 审核人员:						

六、认识设备

升华釜是利用物料之间升华（熔融）点有明显差异的特性而进行物料分离和提纯的设备（见图1-4-2）。升华釜包含升华和凝华两部分，按照物料特性的不同，升华釜分为两个类型：一种是直接升华，即物料受热后从固态直接变为气态，然后去凝华仓形成产品；另一种是蒸发凝结，即物料受热后先熔融，然后在适合的温度下受热蒸发为气态，再去凝华仓形成产品。这两种提纯工艺在实施操作过程中有明显区别，其对应的机型也不同，但两种机型的凝华部分是相同的。

图 1-4-2 升华釜

七、知识链接

1. 升华的作用与原理

固态物质加热时不经过液态而直接变为气态，蒸汽受冷后又直接凝结为固体，这个过程叫做升华。升华是提纯固体有机化合物的常用方法之一。若固体混合物中各组分具有不同的挥发度，则可利用升华使易升华的物质与其他难挥发的固体杂质分离，从而达到分离提纯的目的。所谓易升华物质指的是在其熔点以下具有较高蒸气压的固体物质，如果它与所含杂质的蒸气压有显著差异，则可取得良好的分离提纯效果。升华精制工艺一般包括原料升华、气相传质、产物凝华、产物收集、残渣处理等步骤，其中原料升华与气相传质两个步骤的工艺设计是决定生产效率、产品质量、收率及生产成本等的关键因素，产物凝华则影响产品的晶体外观、颗粒度、堆密度等物理指标，残渣处理主要对升华工艺的可执行性以及安全环保产生影响。

2. 水杨酸

水杨酸是一种微溶于水的有机酸，常温下性质稳定，急剧加热时分解为苯酚和二氧化碳，常压下升华温度为76℃。水杨酸易升华的原因可能是由于其结构中的羟基与羧基能以氢键结合，形成的平面双六元环结构（如图1-4-3所示），导致分子内作用力大于分子间的作用力。

图 1-4-3 水杨酸分子内氢键

八、岗位综合能力考核

（一）岗位素养考核

1. 基本要求

（1）着装符合要求： 工作服□ 运动鞋□ 长发扎起□

（2）严谨认真的科学态度： 实训期间严肃认真□ 做好记录□ 不嬉戏打闹□

（3）安全意识、劳动素养： 操作规范□ 操作区整洁□

2. 案例分析

（1）在阿司匹林生产过程中，粗品水解岗位是如何实践"变废为宝"的环保理念？

（2）在阿司匹林原料药生产车间的粗品水解岗位，作业人员操作水解釜对不合格的回收阿司匹林进行水解、析晶，回收水杨酸，结果结晶物料量收率偏低，分析造成收率偏低的原因以及处理方法。

（二）岗位知识考核

1. 单项选择题

（1）工业上精制水杨酸用的方法通常为（　　　）。

A. 重结晶　　　　　B. 升华　　　　　C. 萃取　　　　　D. 离心

（2）阿司匹林水解产物是（　　　）。

A. 水杨酸　　　　　B. 乙酰水杨酸　　C. 苯酚　　　　　D. 稀硫酸

（3）关于水杨酸的性质，说法错误的是（　　　）。

A. 是一种易溶于水的有机酸　　　　B. 急剧加热时分解为苯酚和二氧化碳

C. 常温下稳定　　　　　　　　　　D. 结构中的羟基与羧基能以氢键结合

（4）阿司匹林粗品回收的反应原理是（　　　）。

A. 中和反应　　　　B. 减压蒸馏　　　C. 水解　　　　　D. 萃取

2. 多项选择题

（1）水解岗位的粗品阿司匹林来自（　　　）。

A. 母液回收岗位　　B. 备料岗位　　　C. 酰化岗位　　　D. 干燥岗位

（2）阿司匹林粗品水解的步骤包括（　　　）。

A. 加碱水解　　　　B. 水杨酸钠酸化　C. 水杨酸干燥　　D. 水杨酸升华

3. 简答题

（1）粗品水解需要用到氢氧化钠溶液和硫酸，如果在装卸、使用过程中出现泄漏、喷溅，会导致酸碱与人体皮肤接触，造成化学性灼伤。此类事故应急处置的原则是什么？

（2）水杨酸为什么可以用升华法提纯精制？

（三）岗位技能考核（见表 1-4-2）

粗品水解岗位综合考核等级：优□　　　良□　　　合格□

岗位五

过滤干燥

一、岗位概述

该岗位包括离心和干燥两个操作，通过离心实现粗品与母液的分离，通过流化床以及旋风分离器实现产品的干燥以及杂质与产品的分离。

二、过滤干燥工艺流程

阿司匹林粗品混悬液通过离心过滤得到阿司匹林粗品和母液，母液转入母液回收岗位进行醋酸回收，粗品进入洗料釜洗涤后离心过滤得到阿司匹林湿品，产生的滤液作为废水转入"三废"处理岗位；阿司匹林湿品由传送带转运至已预热的流化床进行干燥，干燥的阿司匹林粗、中颗粒自流化床收集口收集后进入检测包装岗位，细颗粒和含粉尘废气进入与流化床上部出口连接的旋风分离器进行分离，细颗粒收集后进入水解回收岗位，含粉尘废气转入"三废"处理岗位。过滤干燥的工艺流程如图 1-5-1 所示。

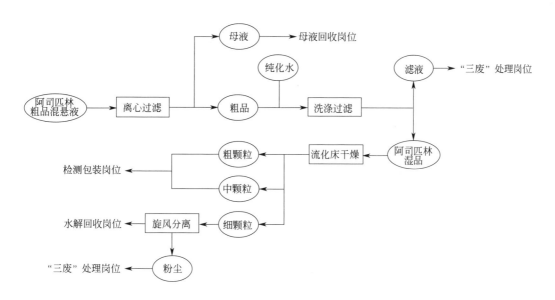

图 1-5-1　过滤干燥工艺流程图

三、岗位任务与要求

岗位任务与要求见表 1-5-1。

表 1-5-1　过滤干燥岗位任务与能力素质要求

岗位操作	岗位任务	能力素质要求
过滤	过滤前准备 母液过滤 洗料釜洗涤 洗料过滤	1.了解离心机的工作原理,具备操作全自动离心机的能力; 2.具备母液中溶剂回收的资源再利用意识; 3.了解洗料釜的工作原理,具备利用洗料釜进行过滤洗涤的能力; 4.具备对洗涤废水进行处理并达标才可排放的环保意识
干燥	干燥前准备 流化床干燥 产品收集	1.了解流化床的基本工作原理,具备利用流化床进行产品干燥的能力; 2.具备判断干燥终点的能力; 3.了解旋风分离器的基本工作原理并具备日常维护能力; 4.具备对不合格粗品进行回收再利用的职业素养和环保意识; 5.具备药品生产过程中"废气"需达标之后才可排放的环保意识

笔记

四、岗位操作与记录

岗位操作与记录见表 1-5-2。

表 1-5-2　过滤干燥岗位操作过程与记录

岗位操作	操作过程控制	操作过程记录
生产前检查	1. 确认场地清洁、设备清洁； 2. 检查核对待干燥阿司匹林的数量及性状； 3. 检查离心机、真空干燥器设备完好； 4. 打开粗品离心机密封盖、铺设滤袋	待干燥阿司匹林数量核对□ 场地设备已检查□ 操作人＿＿＿＿＿ 核对人＿＿＿＿＿ 日期：　　年　月　日
过滤	1. 开启釜底放料阀、启动离心机，缓慢加入阿司匹林混悬液，直至离心机转鼓内料层厚度在转鼓厚度上沿处； 2. 母液排入卧式母液贮罐，进入母液回收岗位，待母液排尽后，离心机进入卸料模式； 3. 洗料釜中预先抽入 500kg 纯化水，启动搅拌器； 4. 将离心机卸出的粗品阿司匹林真空抽入洗料釜内，搅拌洗料 30min； 5. 打开洗料离心机密封盖，铺设滤袋，开启洗料离心机釜底放料阀，将洗料釜中洗涤完成的阿司匹林湿品抽入，直至离心机转鼓内料层厚度在转鼓厚度上沿处； 6. 滤液排入污水处理系统，洗涤后物料经由传送带进入干燥岗位； 7. 确认离心机、洗料釜电源关闭，清洁设备、场地	阀门开启□　离心机启动□ 放料□ 离心机转速：＿＿～＿＿r/min 纯化水用量：＿＿＿＿kg 洗料时间：＿＿～＿＿min 滤袋铺设□ 抽入湿品□　离心过滤□ 清场□　　　电源关闭□ 操作人：＿＿＿＿ 核对人：＿＿＿＿ 清场人：＿＿＿＿ 日期：　　年　月　　日
干燥	1. 操作人员检查清场情况，检查流化床及其辅助设备； 2. 开启蒸汽进汽阀，同时开启风机，使流化床前端温度控制在 78～84℃ 以内，调节蒸汽阀使烘箱内温度稳定； 3. 设定干燥温度：80℃±3℃，预热； 4. 开启旋风分离器； 5. 检查物料干燥情况，并严格控制流化床内温度； 6. 经水分检测合格后粗颗粒（粒度≤20目）、中间粒度（粒度在 20～60 目之间）经出料口收集，装入不锈钢桶内，称重并计算净重，作为成品阿司匹林进入检测包装岗位待检区域； 7. 细颗粒（粒度≥60目）经过旋风分离器收集进入水解岗位，粉尘气体进入"三废"处理岗位； 8. 确认流化床、旋风分离器电源关闭，清洁设备、场地	场地设备确认□ 蒸汽进汽阀及风机开启□ 流化床前端温度：＿＿＿～ ＿＿＿℃ 干燥温度：＿＿～＿＿℃ 旋风分离器启动□ 颗粒水分测定： 合格□　不合格□ 粗、中颗粒净重：＿＿＿＿kg 细颗粒入水解岗位□ 设备关闭□　　清场□ 操作人：＿＿＿＿ 核对人：＿＿＿＿ 清场人：＿＿＿＿ 日期：　　年　　月　　　日

岗位操作	操作过程控制	操作过程记录
异常(突发)情况记录及处理:无异常□　异常情况□_____ 考核等级:优□　良□　合格□		记录人:_____ 岗位操作考核人:_____

五、认识设备

1. 全自动下卸料离心机

全自动下卸料离心机（见图 1-5-2）为过滤式离心机，转鼓壁上有许多过滤孔，使用时铺设滤布或滤袋，采用电机带动转鼓旋转，将混合料离心压至转鼓壁。液体由过滤小孔流出，由于颗粒较大，固体被过滤屏截留。随着离心时间的增加，固体在鼓形过滤器中堆积，当堆积至一定厚度时，开启自动下卸料功能，转鼓旋转的同时刮刀自动升降，将过滤器转鼓壁上的滤饼铲下，经下口取出。适用于物料黏度小、固相颗粒不易变形（如结晶体）、固相颗粒较大且小批量的生产和实验。阿司匹林合成的工艺中，两次使用全自动下卸料离心机，分别是阿司匹林粗品与母液的分离及阿司匹林粗品经洗涤后与洗涤液的分离。

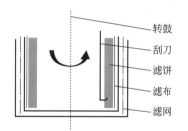

SP1-6　全自动下卸料离心机

SP1-7　流化床干燥器

图 1-5-2　全自动下卸料离心机内部结构示意图

2. 流化床干燥器

流化床干燥器是利用流态化技术干燥湿物料的常见干燥设备，已广泛应用于化工、制药、食品等行业的粉状、颗粒状物料的干燥。最常见的为卧式流化床干燥机（见图 1-5-3），其干燥室为矩形箱式，内设多个竖向挡板将干燥室分割成若干小室，阿司匹林湿品通过加料器定量连续加入流化床床体的第一室，在振动力作用下，沿水平面流化床抛掷，向前连续运动。在振动的同时热风从设备容器下方的均风室通过多孔型布风板向上穿过流化床，此时流化床内的阿司匹林颗粒在气流中呈悬浮状态，在与气体充分接触的混合底层中进行热传递与水分传递，犹如液体沸腾一样，故流化床干燥器又称为沸腾床干燥器。处于流化状态的阿司匹林颗粒，自第一室逐室向后移动，直至干燥完全。粗颗粒与中间粒度颗粒由最后一个室的卸料口排出，细颗粒在干燥过程中被热风向上吹入旋风分离器，经分离后收集，热空气进入

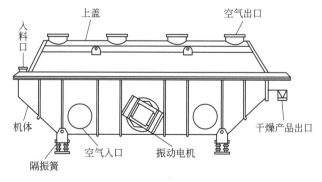

图 1-5-3　卧式流化床干燥器

"三废"处理岗位。

3. 旋风分离器

旋风分离器是一种将颗粒粉尘从气流中分离出来的气固分离装置。当含尘气体进入分离器时，气流切向引入造成的旋转运动，使具有较大惯性离心力的固体颗粒或液滴甩向外壁面而分开。由于旋风分离器结构简单、操作弹性大、效率高、管理维修方便、价格低廉，适宜捕集直径 $5\sim10\mu m$ 以上的粉尘，故广泛应用于制药工业中，特别适用于粉尘颗粒较粗，含尘浓度较大，高温、高压的情况。旋风分离器常作为流化床干燥器的内分离装置，与之组装为整体干燥装置，是工业上应用很广的一种分离设备。在阿司匹林合成工艺中，旋风分离器与流化床串联使用，分离收集经流化床吹起后进入旋风分离器，得到阿司匹林细颗粒，某些改进型的旋风分离器在生产过程中甚至可以取代尾气过滤设备。

4. 其他过滤设备

板框式压滤机：是工业生产中常见的固液分离设备，经压滤后的滤饼有更高的固含率和优良的分离效果。其工作原理是：混合液流经过滤介质（滤布），固体停留在滤布上，并逐渐在滤布上堆积形成滤饼，而滤液部分则渗透过滤布成为不含固体的清液。随着过滤过程的进行，滤饼厚度逐渐增加，过滤阻力加大，过滤时间越长，分离效率越高。其工作原理见图1-5-4。

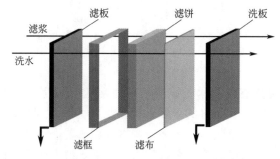

SP1-8　板框式压滤机

图 1-5-4　板框式压滤机工作示意图

六、知识链接

固液分离：即从悬浮液中将固体颗粒与液相分离的操作，包括沉降和过滤两种操作方式。沉降分为重力沉降与离心沉降，制药企业常用的旋风分离器就是利用离心沉降的原理进行细粉的收集与气体的除尘。过滤按推动力不同分为重力过滤、离心过滤、加压过滤和真空过滤。按照过滤的原理不同将固体堆积在滤材上并架桥形成滤饼层的过滤方式叫做滤饼过滤；颗粒沉积在床层内部的孔道壁上而并不形成滤饼的过滤方式叫做深层过滤。阿司匹林粗品过滤方式即为离心过滤。

七、岗位综合能力考核

（一）岗位素养考核

1. 基本要求

（1）着装符合要求：　工作服□　运动鞋□　长发扎起□

(2) 严谨认真的科学态度：　　实训期间严肃认真□　　做好记录□　　不嬉戏打闹□

(3) 安全意识、劳动素养：　　操作规范□　　操作区整洁□

2. 案例分析

公元 105 年蔡伦改进了造纸法，他在造纸过程中将植物纤维纸浆置于致密的细竹帘上，水经竹帘缝隙滤过，一薄层湿纸浆留于竹帘面上，过滤晾干后即成纸张；在古代，人们用绳索一端系住陶罐，手握绳索另一端，旋转甩动陶罐，产生离心力挤压出陶罐中浆果的汁液。结合本岗位操作，想一想上述两个来源于劳动实践的例子分别应用了什么原理？对你有何启发？

(二) 岗位知识考核

1. 单项选择题

(1) 干燥获得的阿司匹林细颗粒将会去向的岗位为 (　　)。

A. 检测包装岗位　　　B. "三废"处理岗位　C. 水解岗位

(2) 流化床中阿司匹林结晶烘干需要的温度范围是 (　　)。

A. 90℃±3℃　　　　　B. 80℃±3℃　　　　　C. 70℃±3℃

2. 配伍选择题

A. 粗颗粒　　　　B. 中间颗粒　　　C. 精颗粒　　　　D. 细颗粒　　　E. 粉尘

(1) 阿司匹林合成中，粒度≤20 目的颗粒为 (　　)。

(2) 阿司匹林合成中，粒度在 20～60 目之间的颗粒为 (　　)。

(3) 阿司匹林合成中，粒度≥60 目的颗粒为 (　　)。

3. 多项选择题

(1) 经过过滤干燥岗位，需进入回收岗位的是 (　　)。

A. 母液　　　　　B. 精品　　　　　C. 洗涤滤液　　　D. 细颗粒　　　E. 粉尘

(2) 经过过滤干燥岗位，需进入"三废"处理岗位的是 (　　)。

A. 母液　　　　　B. 精品　　　　　C. 洗涤滤液　　　D. 细颗粒　　　E. 粉尘

4. 简答题

(1) 阿司匹林原料药选择流化床干燥的原因是什么？

(2) 简述干燥后产品水分含量不合格的原因及处理方法。

(3) 过滤干燥岗位的主要职责是保证最终产品的充分提取与干燥，为何还需要回收副产品？哪些副产品需要进行回收？分别由什么岗位回收？

（4）过滤干燥岗位是如何将过滤、洗涤、干燥工序进行有机串联的？请画出过滤干燥工艺的示意图，并用"箭头＋说明"的方式简述物料的合成走向。

（三）岗位技能考核（见表 1-5-2）

过滤干燥岗位综合考核等级：优□　　良□　　合格□

岗位六
检测包装

一、岗位概述

检测包装岗位是将产品升级为商品的关键环节。原料药在此岗位进行两次检测，第一次为全检，即完成《中国药典》规定项下所有指标的检测，合格之后成为生产批产品，生产批产品再经混合为商业批产品，二次抽检合格后分装、入库、待销售。检测包装岗位的主要职责是对阿司匹林产品进行全面质量检测，完成阿司匹林原料药商品销售前的所有包装入库准备工作。

二、检测包装工艺流程

将阿司匹林干燥产品转入待检区，按《中国药典》进行全检，质量合格并出具检测报告，编写生产批号作为生产批产品，按流程将生产批产品混合合并为商业批，再进行抽检，检测合格后分装、入库，成为商品销售。检测包装流程见图 1-6-1。

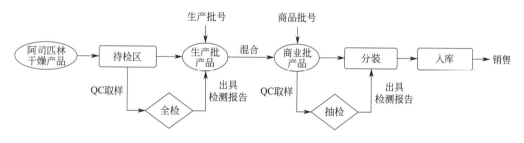

图 1-6-1 检测包装工艺流程图

三、岗位任务与要求

岗位任务与要求见表 1-6-1。

表 1-6-1 检测包装岗位任务与能力素质要求

岗位操作	岗位任务	能力素质要求
检测包装	生产批检测	1. 具备对生产批、商业批产品进行编号的能力； 2. 具备将生产批产品混合为商业批产品的能力； 3. 具备对商业批产品进行分装操作的能力； 4. 具备复核产品生产指令和成品检测报告的能力与意识； 5. 具备对入库产品进行核对的能力
	商业批混合	
	商业批检测	
	商业批分装	
	入库	

笔记

四、岗位操作与记录

岗位操作与记录见表1-6-2。

表1-6-2　检测包装岗位操作过程与记录

操作岗位	操作过程控制	操作过程记录
生产批检测	阿司匹林干燥产品贮存于中贮站待检区域,由QC人员取样,检测合格后进入贮存操作	检查结果:合格□　不合格□ 取样人:_____ 检测人:_____ 核对人:_____ 日期:　　年　月　日
生产批贮存	1. 检查操作间设备、使用工具、容器的清洁和状态标识与岗位相关文件及生产记录是否齐全; 2. 根据批包装指令领取待包装的阿司匹林产品,并核对产品名称、批号、数量、半成品检验报告单、放行等信息; 3. 领取洁净塑料袋、充填用的包装袋,并核对产品名称、批号、数量、检验报告单、物料放行等信息; 4. 检查封口机及填充模具是否与所生产产品相符; 5. 装量封口合格的包装袋,由下工序专业人员贴上标签,标签内容包括:产品名称、批号、包装规格、批生产量、包装日期,之后包装入库暂存	设备清洁及状态标识确认□ 文件记录检查确认□ 产品领取数量:_____kg 塑料袋领取数量:_____个 包装袋领取数量:_____个 包装信息核对□ 领料人:_____ 称量人:_____ 封口□　　粘贴标签□ 核对人:_____ 日期:　年　月　　日
商业批混合	1. 岗位操作人员确认场地并再次清场; 2. 领取生产指令单,核对检查产品的生产批号、数量,并与物料周转单核对; 3. 确认混合机、生产用容器具,检查前工序的物料交接单,核对信息并完成交接; 4. 检查混合机,开机试运转5min;装料至最佳装料重量200kg,关闭出料阀; 5. 装料完毕后,开机混料,根据工艺要求设定转动+摆动,混合20min后,停机; 6. 将混合好的药品称重、记录,计算收率,盛入洁净的容器中,标注品名、批号、日期、重量等。填写物料标示卡,填写请验单,双人复核并做好记录; 7. 操作结束后将混合好的产品转交下一生产操作工序进行分装包装; 8. 清场	场地清洁确认□ 生产批号、数量确认□ 混合机、容器具确认□ 前工序物料交接确认□ 混合机试运行□ 装料量:_____kg 混料□　停机□ 混料机转速:____~____r/min 混合药品重量:_____kg 收率:_____% 标识卡填写□　请验单填写□ 分装转交□　清场□ 操作人:_____ 核对人:_____ 清场人:_____ 日期:　年　月　　日

操作岗位	操作过程控制	操作过程记录
商业批分装、包装及检测	1. 领取批包装指令并复核内容,检查工作间状态标识牌; 2. 检查包装、分装用具、称量用计量器具; 3. 根据批包装生产指令及领料单领取外包材,核对、记录、检查后存放在指定区域; 4. 按每桶25kg定量包装; 5. 按批包装指令打印标签,标签内容包括:品名、重量、产品批号、生产日期、有效期、批准文号、贮藏、执行标准、生产企业名称;由班长、QA人员复核; 6. 将已包装好的塑料袋放入大桶内,纸板桶加盖并插入插销固定,贴上标签; 7. 包装完毕,核对所有包材的使用数、剩余数及不良数,外包装班长对其进行复核签字确认; 8. 不良包材由车间专人计数并在QA人员的监督下销毁,并填写包材销毁记录,剩余包材整理退库; 9. 填写外包装岗位的批生产记录和设备运行记录; 10. 填写物料流转卡入待检床保存	包装指令确认□　用具检查□ 外包材领取及核对□ 操作人:_____ 核对人:_____ 标签内容确认与打印□ 复核QA人员:_____ 复核班长:_____ 装桶数:_____个 标签粘贴□　包材清点□ 包材领用数:_____个 消耗包材数:_____个 不良包材数:_____个 不良包材销毁记录填写□ 批生产记录填写□ 设备运行记录填写□ 记录人:_____ 核对人:_____ 日期:　年　月　日
商业批检测	阿司匹林商业批产品包装后贮存于商业批待检区域,由QC人员取样,抽检合格后入库	抽检:合格□　不合格□ 取样人:_____ 检验人:_____ 日期:　年　月　日
入库	1. 成品经品管部检验合格,签发成品检验报告; 2. 生产部核对成品检验报告与合格证上的品名、规格、数量、批号,均应与请验件数相符; 3. 统计员作入库登记,填写成品入库单; 4. 仓管员收到成品检验报告、成品入库单,核对相关信息,确认无误后在成品入库单上签名; 5. 成品入库单第一联送往生产部,第二联留存仓库,第三联送往财务部; 6. 仓管员将已入库成品移至指定区域,并登记成品台账	报告签发人:_____ 报告核对人:_____ 入库单填写人:_____ 报告与入库单核对□ 仓管员人:_____ 入库单发放备案□ 成品台账登记□ 核对人:_____ 日期:　年　月　日

异常(突发)情况记录及处理:无异常□　异常情况□_____　记录人:_____

考核等级:优□ 良□ 合格□　　　　岗位操作考核人:_____

笔记

五、质量控制

生产批阿司匹林成品需按《中国药典》进行全检，质量合格后按流程合并为商业批。商业批抽检合格后经分装、入库，最终成为商品销售。阿司匹林的全检、抽检相关产品质量控制的内容详见模块三。

六、知识链接

1. 药品批准文号

药品批准文号是药品监督管理部门对特定生产企业按法定标准、生产工艺和生产条件对某一药品的法律认可凭证，每一个生产企业的每一个品种都有一个特定的批准文号。药品生产企业必须在取得药品批准文号后方可生产。2020 年 7 月 1 日施行的《药品注册管理办法》第 123 条对药品批准文号格式进行了规定，详细说明请扫描二维码 SP1-9 进入微课学习。

SP1-9 药品批准文号和药品生产批号

2. 药品生产批号

《药品生产质量管理规范》第 69 条规定"在规定的限度内具有同一性质和质量，并在同一连续生产周期中生产出来的一定数量的药品为一批"。生产批号是用于标识在规定限度内具有同一性质和质量，并在同一生产周期中生产出来的药品的一组数字或字母加数字。药品的生产批号与商业批号不同于药品批准文号，由企业按一定通用规则制定，详细说明请扫描二维码 SP1-9 进入微课学习。

七、岗位综合能力考核

（一）岗位素养考核

1. 基本要求

（1）着装符合要求： 工作服□ 运动鞋□ 长发扎起□
（2）严谨认真的科学态度： 实训期间严肃认真□ 做好记录□ 不嬉戏打闹□
（3）安全意识、劳动素养： 操作规范□ 操作区整洁□

2. 案例分析

原料药出现包装破损应如何处理？

（二）岗位知识考核

1. 单项选择题

（1）药品批号 201203 表示生产年月为（　　）。
A. 2012 年 03 月　B. 2020 年 12 月　C. 2003 年 12 月
（2）包装入库暂存的生产批产品，标签内容不包括（　　）。
A. 生产批号　　B. 生产日期　　C. 产品批号　　　D. 有效期至

2. 判断题（正确画√，错误画×）

（1）间歇生产的原料药，可由一定数量的产品经最后混合所得的在规定限度内的均质产品为一批。（　　）

（2）按批包装指令打印标签时，打印内容由班长、QA 人员复核，核对无误后，方可开始正式打印。（　　）

3. 多项选择题

按批包装指令打印标签，内容包括（　　）。

A. 品名、重量　　　　　　B. 贮藏、执行标准　　　　　C. 批准文号、产品批号

D. 生产日期、有效期　　　E. 生产企业名称

4. 简答题

（1）以待包装的阿司匹林产品为例，列举至少 3 条产品包装时需核对的信息。

（2）写出至少 2 条生产批、5 条商业批阿司匹林标签所含信息。

（3）写出药品生产批号与药品生产日期的区别。

（三）岗位技能考核（见表 1-6-2）

检测包装岗位综合考核等级：优□　　　良□　　　合格□

模块二 >>>
药物制剂的生产

概述

片剂系指药物与适宜的辅料混匀后压制而成的圆片状或异形片状的固体制剂，按照给药途径，片剂分为口服用片剂、口腔用片剂、皮下给药片剂、外用片剂等。片剂由药物和辅料两部分组成，常用的辅料包括填充剂、黏合剂、崩解剂及润滑剂等。阿司匹林普通片对胃有刺激性，长期服用易引起胃溃疡甚至胃出血，因此需做成肠溶片，使其在胃内几乎不被分解，进入肠道以后才开始崩解吸收，大大减少对胃黏膜的直接刺激。肠溶片生产过程中使用的辅料有淀粉、枸橼酸、淀粉浆、滑石粉和丙烯酸树脂，其中，淀粉作为填充剂和崩解剂，枸橼酸作为稳定剂，淀粉浆作为黏合剂，滑石粉作为润滑剂，丙烯酸树脂Ⅱ号作为包衣材料。加入辅料的目的是使药物在制备过程中具有良好的流动性、可压性和黏结性，遇体液能迅速崩解、溶解、吸收而产生疗效。辅料对片剂的性质甚至药效可产生很大的影响，因此要重视辅料的选择。本模块以阿司匹林肠溶片的生产为例进行讲述。

片剂的制备包括直接压片法和制粒压片法，根据制粒方法的不同，又可分为湿法制粒压片和干法制粒压片，其中应用最广泛的是湿法制粒压片。湿法制粒压片的主要工艺流程是物料粉碎、筛分、制软材、制湿颗粒、干燥、整粒、总混、压片。本模块以阿司匹林肠溶片的生产为例，阐述片剂生产过程中涉及的岗位任务、操作要求及相应的设备。

阿司匹林肠溶片（一步制粒压片法）处方如下。

成分	重量	单位
阿司匹林	36	kg
淀粉	22	kg
枸橼酸	0.6	kg
淀粉（制淀粉浆）	2	kg
滑石粉	1.25	kg
丙烯酸树脂Ⅱ号	适量	
制成阿司匹林肠溶片	12	万片

岗位一

称量配料

一、岗位概述

称量配料是根据批生产指令，按规定程序领取并称量物料，严格按照工艺规程和标准操作规程进行配料，全面负责制剂前期管理工作的单元操作。为了加强药品生产过程管理，防止因称量、计算时出现差错或因仪器设备误差而造成质量事故，应对计量容器进行检查、校正、调零，在称量配料前应对照领料单进行领取，逐项配制并记录，配好的物料盛装在洁净容器中，并在容器内的标签上写明物料名称、批号、规格、重量等内容，在称量时要有称量人和复核人，不得由同一个人兼称量与复核之职。

二、岗位任务与要求

岗位任务与要求见表 2-1-1。

表 2-1-1　称量配料岗位任务与能力素质要求

岗位任务	能力素质要求
原辅料的领取	1. 能按照 GMP 要求检查天平、磅秤等称量器具； 2. 能按照处方要求、工艺操作规程和岗位程序进行操作； 3. 检查并确认经领取的阿司匹林、淀粉等原辅料数量满足生产投料需求
投料前检查	1. 能按照生产指令指定的配方和物料平衡进行称量准备； 2. 能根据称量配料岗位 SOP 执行具体操作任务,必须做到投料前后认真核对处方内容、品名、数量、批号和规格等,标签清晰醒目,做到不出现差错
称量配料	1. 具备一丝不苟的工作态度和职业素养,忠于职守,严格遵守称量配料准则,谨记称量时如失之毫厘,会导致谬以千里的严重后果； 2. 能做到认真细致地称量和复核,称量时一人称量、一人复核,认真填写生产记录,做到字迹清晰、内容真实,不得任意撕毁和涂改

三、岗位操作规程

岗位操作规程见表 2-1-2。

表 2-1-2　称量配料岗位操作规程

操作	操作规程
称量前准备	1. 检查生产环境、生产设备以及使用的物料桶等相关器具是否已清洁干燥、消毒,具有"清场合格证",并在有效期内,同时确认是否达到生产要求
	2. 检查环境压差表、温湿度计的"校验合格证",做好静压差、温湿度检查
	3. 检查是否有与本次生产无关的物料和文件,确认现场管理文件及记录准备齐全

操作	操作规程
称量前准备	4. 检查小电子秤、大电子秤是否有计量"校验合格证"并可以正常使用,开机后要按照测量的范围来选择标准并进行校验,校验合格后才可使用
	5. 取下设备操作间"清场合格证"状态牌,换上"正在生产"状态牌,填写生产前检查记录文件
称量配料	1. 按照生产指令,预生产阿司匹林肠溶片 12 万片,领取原辅料阿司匹林 36kg、淀粉 22kg(崩解用)、枸橼酸 0.6kg、淀粉 2kg(制浆用)、滑石粉 1.25kg,双人操作复核后签名
	2. 按投料的计算结果进行称量配料,认真核对并检查,确保数据正确,双人操作复核,并进行逐项记录
	3. 根据重量选择器具,按规定的方法准确称取处方量的物料,在领料单上记录物料的净重;需分几次称量的,在配好的每个物料容器上均需贴有物料周转标签,原辅料用量要逐一称量
	4. 写清原辅料名称、净重、数量、总重、产品批号、规格、生产岗位、日期、操作和复核人员等内容,挂于容器外
	5. 完成一种原辅料称量后,详细记录称量数据并填写生产记录
	6. 称量过程中复核无误后,将称量后剩余物料的容器盖盖好,再次总体复核方可转入下道工序备用,重新填写物料周转标签,注明剩余量
清场	1. 剩余物料及时放回原辅料暂存间或中间站,称量完成的物料桶送至复核区进行复核,填写生产记录
	2. 取下设备和操作间的"运行中"和"正在生产"状态标识牌,分别换上"待清洁"和"清场中"标识牌
	3. 按电子秤清洁标准操作进行清场,容器具送至器具清洗间清洗,经 QA 人员检查合格后,设备和操作间分别挂上"完好,已清洁"状态标识牌

笔记

四、岗位操作与记录

岗位操作与记录见表 2-1-3。

表 2-1-3　称量配料岗位操作与记录

<table>
<tr><td>生产岗位</td><td></td><td>生产品名</td><td></td><td>批号</td><td></td></tr>
<tr><td>设备名称</td><td></td><td>设备编号</td><td></td><td>操作日期</td><td></td></tr>
<tr><td rowspan="3">称量前准备</td><td colspan="4">按 SOP 要求对场地、设备、环境进行检查：</td><td colspan="2">操作人：_____</td></tr>
<tr><td colspan="4">场地□　　设备□　　环境□　　物料卡□　　状态牌□</td><td colspan="2">复核人：_____</td></tr>
<tr><td colspan="4">岗位操作及清洁 SOP□　　设备操作及清洁 SOP□</td><td colspan="2">日期：　年　月　日</td></tr>
<tr><td rowspan="14">称量配料操作</td><td>原辅料名称</td><td>领取量/kg</td><td>使用量/kg</td><td>剩余量/kg</td><td colspan="2">产品批号</td></tr>
<tr><td>阿司匹林</td><td></td><td></td><td></td><td colspan="2"></td></tr>
<tr><td>淀粉</td><td></td><td></td><td></td><td colspan="2"></td></tr>
<tr><td>枸橼酸</td><td></td><td></td><td></td><td colspan="2"></td></tr>
<tr><td>淀粉（制淀粉浆）</td><td></td><td></td><td></td><td colspan="2"></td></tr>
<tr><td>滑石粉</td><td></td><td></td><td></td><td colspan="2"></td></tr>
<tr><td colspan="4">1. 根据称量岗位指令进行核对，原辅料名称、批号、规格、数量是否符合要求</td><td colspan="2">是□　否□</td></tr>
<tr><td colspan="4">2. 按照投料比、投料量、投料程序、投料速率将配好的物料转移至指定存放处</td><td colspan="2">是□　否□</td></tr>
<tr><td colspan="4">3. 将一般区每次称好的物料装袋扎口或装桶封口，挂上状态标识</td><td colspan="2">是□　否□</td></tr>
<tr><td colspan="6">操作人员：　　交接量(kg)：　　复核人员：　　日期：　年　月　日</td></tr>
<tr><td rowspan="5">物料平衡</td><td>原辅料名称</td><td>阿司匹林</td><td>淀粉</td><td>枸橼酸</td><td>淀粉（制淀粉浆）</td><td>滑石粉</td></tr>
<tr><td>物料衡算/%</td><td></td><td></td><td></td><td></td><td></td></tr>
<tr><td colspan="6">各物料衡算＝(使用量＋剩余量)/领取量×100%</td></tr>
<tr><td colspan="3">限度要求：96%≤限度≤100%；实际为____%</td><td colspan="3">是否符合规定要求：是□　否□</td></tr>
<tr><td colspan="6">计算人员：　　　　　　　　复核人员：</td></tr>
</table>

<table>
<tr><td rowspan="8">清场记录</td><td>清场要求</td><td>清场情况</td><td>QA 检查</td></tr>
<tr><td>1. 原辅料：剩余原辅料和本批干燥产品清理并送至中间站</td><td>符合要求□</td><td>合格□</td></tr>
<tr><td>2. 清洁器具：送至清洗间进行清洗至干净，干燥</td><td>符合要求□</td><td>合格□</td></tr>
<tr><td>3. 设备与环境：冲洗或湿擦设备，湿拖场地，标注符合要求</td><td>符合要求□</td><td>合格□</td></tr>
<tr><td>4. 清离废弃物，转放至规定场所</td><td>符合要求□</td><td>合格□</td></tr>
<tr><td>5. 与下一批次产品不相关的清离</td><td>符合要求□</td><td>合格□</td></tr>
<tr><td colspan="3">清场人员：　　　　　　QA 人员：</td></tr>
<tr><td colspan="3">　　　　　　　　　　　　　　　　年　　　月　　　日</td></tr>
<tr><td colspan="4">异常(突发)情况记录及处理：无异常□　异常情况□_____　记录人：_____</td></tr>
<tr><td colspan="4">　　　　考核等级：优□　良□　合格□　　　　　　岗位操作考核人：_____</td></tr>
</table>

笔
记

五、知识链接

配料

配料是指根据工艺规定的处方，按照投料量公式进行计算，以准备符合生产要求的原辅料的操作，配料方式分为手动配料和自动配料。配料岗位是药品质量保证的核心和前提，在配料之前需要按生产需求对原辅料名称、规格、批号等信息进行核对。

（1）手动配料　由于片剂生产中用到的辅料大多为粉状物料，因此手动配料时除需有配套的称量衡器外，还要配有过滤器、自循环等除尘设施，通过定期更换过滤袋以有效防止粉尘飞扬，避免环境中空气污染和交叉污染，高致敏性物料要在装有手套孔的独立柜中进行此项操作。

（2）自动配料　物料通过受控方式从贮料容器进入接收容器中，自动称量系统对物料进行称量，当达到规定重量时，配料系统自动停止，运作下料系统，进行另一种物料的分配。

六、岗位综合能力考核

（一）岗位素养考核

1. 基本要求

（1）着装符合要求：　工作服□　运动鞋□　　长发扎起□

（2）严谨认真的科学态度：　实训期间严肃认真□　　做好记录□　　不嬉戏打闹□

（3）安全意识、劳动素养：　操作规范□　　操作区整洁□

2. 案例分析

在天平发明前，古人即以吊绳为支点，杠杆的一端悬挂重物，另一端挂秤锤、砝码，其原理是利用变动支点无需换秤杆即可称量较重物体，这就是中国人在衡器上的重大发明。上述资料充分说明当时的人们已掌握了力学原理，创造了原始的天平。请同学们结合本岗位单元操作，查阅相关资料，阐述天平的种类和发展。你从中受到了什么启发？

（二）岗位知识考核

1. 单项选择题

（1）在国际单位制中重量的计量单位是（　　　）。

A. 毫克　　　　　B. 克　　　　　C. 千克　　　　　D. 吨

（2）电子天平检定周期一般不超过（　　　）。

A. 1年　　　　　B. 2年　　　　　C. 3年　　　　　D. 半年

2. 多项选择题

（1）标签或桶卡应标明物料的（　　　），标签贴于器具外部上五分之四处或挂于包件上，桶卡置于容器中，做好称量台账。

A. 名称　　　　　　　　　　　　B. 批号（编号）

C. 称量重量和时间　　　　　　　D. 称量人和复核人

（2）剩余原辅料和回收原辅料需用清洁容器盛装、密闭，并贴上标签；剩余包装材料清点、整理好，装入纸箱贴上标签。标签内容应包含（　　　）。

A. 物料名称   B. 物料特点   C. 数量   D. 退料人及退料时间

(3) 电子天平在检定前应准备（   ）。（多选并排序）

A. 预热   B. 调水平   C. 校准   D. 预加载

（三）岗位技能考核（见表2-1-3）

称量配料岗位综合考核等级：优□   良□   合格□

岗位二

粉碎、筛分

一、岗位概述

粉碎是借助机械力或其他作用力将大块固体物料破碎成适宜粉末的过程，是固体制剂生产中必不可少的环节，粉碎度的大小直接或间接地影响制剂的稳定性和有效性。物料粉碎后得到的粉末粒度相差比较悬殊，为满足生产工艺要求，需要通过筛分操作，即通过网孔性工具对粗粉和细粉进行过筛分离。因此粉碎、筛分岗位的主要任务是使用规定的粉碎设备将固体物料粉碎，再选择符合要求的筛分设备并安装合适孔径的筛网，最终制成符合工艺要求的粒度均匀的粉状物料。岗位工作人员在物料粉碎、筛分各工序进行现场监督，对规定的质量指标进行检查、判定。

二、岗位任务与要求

岗位任务与要求见表 2-2-1。

表 2-2-1 粉碎、筛分岗位任务与能力素质要求

岗位任务	能力素质要求
操作前检查	1. 能仔细检查岗位、设备状态标识牌,清洁状态标识牌是否配齐,更换状态标识牌; 2. 检查粉碎、筛分岗位和万能粉碎机、振荡筛 SOP 是否齐全,能按照操作规程进行设备调试; 3. 能对粉碎筛分设备和容器具进行生产前的清洗消毒; 4. 能严格遵照处方量领取物料并核对其品名、规格和数量; 5. 能按照阿司匹林肠溶片生产工艺要求选择相应规格的筛网
原辅料粉碎	1. 能按照生产工艺要求粉碎原辅料,使物料达到工艺要求的粒度; 2. 具备在粉碎过程中及时对原辅料的粒度和外观进行检查的能力; 3. 能及时发现粉碎过程中设备的异常情况并处理排除故障,如不能解决要立刻报告并记录
原辅料筛分	1. 能根据设备 SOP 正确使用振荡筛,并均匀适量地加料,使物料顺利通过筛网; 2. 能将已筛分好的物料装于洁净容器或包装袋中密封,注明品名、数量、批号等,并认真填写生产记录; 3. 能对筛分不合格的物料及时做出判断并检查其原因; 4. 能认真观察设备的运转情况,注意设备维护和保养; 5. 在岗位操作过程中,增强减少粉尘污染的环保意识

SP2-1 粉碎岗位

SP2-2 粉碎岗位操作流程

SP2-3 筛分岗位

三、岗位操作规程

岗位操作规程见表 2-2-2。

表 2-2-2　粉碎、筛分岗位操作规程

操作	操作规程
生产前准备	1. 检查生产操作间静压差、温度和湿度
	2. 检查是否有与本次生产无关的物料和文件,确认现场管理文件及记录准备齐全
	3. 对粉碎机、振荡筛设备和使用容器进行清洁、干燥、消毒,筛网选择与生产指令(要求 100 目筛)相符,必要时用 75% 酒精擦拭消毒
	4. 对所需粉碎的物料进行检查,无金属等异物方可使用,领取原辅料(阿司匹林 36kg、淀粉 22kg)时要认真复核物料卡上的内容与生产指令中的品名、数量和批号是否相符
	5. 状态标识悬挂齐全,对待过筛的物料应核实品名、批号和数量
	6. 取下设备"已清洁"状态牌,换上"运行中"状态牌
	7. 取下设备操作间"清场合格证"状态牌,换上"正在生产"状态牌,填写生产前检查记录文件
粉碎	1. 根据阿司匹林肠溶片工艺要求,选择 100 目筛网,检查筛网是否有漏孔
	2. 开启粉碎机设备调试转速或进风量,机器应无异响,运转正常,方可生产
	3. 均匀加入待粉碎的物料,打开下料挡板,打开粉碎机电源开关进行粉碎,粉碎操作完毕之后确保物料全部排出粉碎机外才可停机
	4. 接料桶经过称重后填写物料周转标签送至中间站,填写生产记录文件
	5. 符合要求的物料用塑料袋包装,物料卡贴在塑料袋上,以备下一道工序使用
筛分	1. 根据阿司匹林肠溶片工艺要求,按筛分标准操作规程安装好 100 目筛网,连接好接收布袋,安装完毕后检查密封性,并开动设备运行
	2. 打开振荡筛开关,倒入物料(阿司匹林、淀粉)进行过筛,筛选完毕后关闭电源,取出位于下方的接料袋倒入物料桶中
	3. 筛分过的物料用塑料袋做内包装,填写物料卡,盛装于洁净的容器中密封交中间站,并称量、贴签,每件容器均应附有物料状态标识,注明品名、批号、数量、日期、操作人员等
清场	1. 取下设备和操作间"运行中"和"正在生产"状态标识牌,分别换上"待清洁"和"清场中"标识牌
	2. 容器具送至器具清洗间清洗,经 QA 人员检查合格后设备和操作间分别挂上"完好,已清洁"状态标识牌
	3. 清场操作应按照先上后下、先外后里的顺序,一个环节完成才可以进行下一个环节,从而保证清场工作质量
	4. 完成清场后记录,并告知 QA 人员,经现场检查合格后才可挂上"清场合格证"

四、岗位操作与记录

岗位操作与记录见表 2-2-3。

表 2-2-3　粉碎、筛分岗位生产操作与记录

生产岗位			生产指令号			产品批号	
设备名称			设备编号			生产日期	

<table>
<tr><td rowspan="2">生产前</td><td colspan="5">按 SOP 要求对场地、设备、环境进行检查：
场地□　设备□　环境□　物料卡□　状态牌□
岗位操作及清洁 SOP□　设备操作及清洁 SOP□</td><td colspan="2">操作人：_____
复核人：_____
日期：　　年　月　日</td></tr>
<tr></tr>
<tr><td rowspan="7">粉碎操作</td><td>物料名称</td><td>进厂批号</td><td>粉碎前物料总量/kg</td><td colspan="2">粉碎后物料总量/kg</td><td>余料量/kg</td><td>收率/%</td></tr>
<tr><td></td><td></td><td></td><td colspan="2"></td><td></td><td></td></tr>
<tr><td></td><td></td><td></td><td colspan="2"></td><td></td><td></td></tr>
<tr><td></td><td></td><td></td><td colspan="2"></td><td></td><td></td></tr>
<tr><td colspan="7">收率(%)＝(粉碎后物料总量＋余料量)/粉碎前物料总量×100%</td></tr>
<tr><td colspan="4">限度要求:95%≤限度≤100%;实际为_____%</td><td colspan="3">是否符合规定要求:是□　否□</td></tr>
<tr><td colspan="3">操作人员：　　　　复核人员：</td><td colspan="4">QA 人员：</td></tr>
<tr><td rowspan="7">筛分操作</td><td>物料名称</td><td>批号</td><td>领取量/kg</td><td>筛网目数</td><td>筛分后总量/kg</td><td colspan="2">收率/%</td></tr>
<tr><td></td><td></td><td></td><td></td><td></td><td colspan="2"></td></tr>
<tr><td></td><td></td><td></td><td></td><td></td><td colspan="2"></td></tr>
<tr><td></td><td></td><td></td><td></td><td></td><td colspan="2"></td></tr>
<tr><td colspan="7">收率(%)＝筛分后总量/领取量×100%</td></tr>
<tr><td colspan="4">限度要求:95%≤限度≤100%;实际为_____%</td><td colspan="3">是否符合规定要求:是□　否□</td></tr>
<tr><td colspan="3">计算人员：　　　　复核人员：</td><td colspan="4">QA 人员：</td></tr>
<tr><td rowspan="2">清场</td><td colspan="4">按要求清场:设备□、工器具□、容器□、地面□
其他□_____</td><td colspan="3">清场人：_____
复核人：_____
日期：　　年　月　日</td></tr>
<tr></tr>
<tr><td colspan="8">异常(突发)情况记录及处理:无异常□　异常情况□_____　记录人：_____
　　　　　　考核等级:优□　良□　合格□　　　　　岗位操作考核人：_____</td></tr>
</table>

五、认识设备

1. 粉碎设备

（1）万能粉碎机　是一种应用较广泛的粉碎机，对物料粉碎的作用以撞击力、剪切力为主，适用于结晶性和纤维性等脆性、韧性物料，物料可达到中碎、细碎程度，但粉碎过程会发热，故不适用于粉碎含大量挥发性成分或黏性、遇热发黏的物料。阿司匹林肠溶片的生产中采用的粉碎设备就是万能粉碎机。

（2）流能磨（气流磨）　流能磨是通过高速弹性气流（空气、惰性气体）在粉碎室内形成强烈的旋流，所产生的离心力使粉体粒子在粉碎室外围高速运动，在这个过程中，被粉碎的物料颗粒之间、颗粒与内壁之间相互碰撞而达到强烈的粉碎效果。使用流能磨进行粉碎时，由于物料受到高压气流的作用膨胀而产生一定的冷却效应，物料不会受到机械粉碎的摩擦导致温度升高，此种方法适用于一些抗生素、酶类、低熔点成分或热敏性药物的粉碎。利用高速弹性气流进行粉碎可使粉碎后的粉末达到粒度为 $5\mu m$ 以下的微粉，并且在粉碎过程中进行了分级，有利于同时得到不同粒度的物料细粉而达到工艺要求。

（3）球磨机　是由不锈钢或瓷制成的圆筒形球罐，内装有一定数量和大小的钢球或瓷球，球罐的轴固定在轴承上。当球罐转动时，物料受筒内起落圆球的撞击作用、圆球与筒壁以及球与球之间的研磨作用而被粉碎。常用于毒性药物、刺激性药物、贵重药物、吸湿性药物、易氧化药物或爆炸性药物的粉碎，对结晶性药物、硬而脆的药物进行粉碎效果更好。球磨机较容易实现无菌条件下的药物粉碎与混合，从而得到无菌产品。

2. 筛分设备

筛分设备是利用旋转、振动、往复、摇动等将各种原料和初级产品经过筛网，按物料粒度大小分成若干个等级的机械设备。常用的筛分设备主要有摇动筛和振动筛。摇动筛依靠曲柄连杆使筛箱往复运动，筛面上的物料由于筛的摇动而获得惯性力，克服与筛面间的摩擦力，产生与筛面的相对运动，并且逐渐向卸料端移动，其生产效率和筛分效率都比较高，但动力平衡差，目前很少采用。振动筛由料斗、振荡室、联轴器、电机组成，靠电磁振动或机械振动使筛箱带动筛面或直接带动筛面而产生振动，其特点是效率高，适用于任何粉类，可筛至 600 目或 0.02mm；全封闭结构，粉末不飞扬，液体不泄漏，网孔不堵塞，自动排放，机内无存料，网架结构无死角，筛网使用面积可增加，体积小，不占空间，移动方便。振动筛是目前比较先进的筛分设备，阿司匹林肠溶片的生产中采用的筛分设备就是振动筛。振动筛工作原理请扫二维码 SP2-4 学习。

SP2-4　振动筛

常用的粉碎及筛分设备及其工作原理请扫二维码 SP2-5 学习。

六、知识链接

SP2-5　粉碎筛分混合

1. 粉碎

粉碎是借助机械力或其他作用力将大块固体物料破碎成适宜粉末的过程，在固体制剂制备过程中是非常重要的单元操作。药材粉碎后的物料比表面积增大，有利于药物中有效成分的溶出和吸收，从而提高其生物利用度。粉碎对物料的混合均匀性影响非常大，直接关乎具体药物制剂的质量，但在粉碎过程中容易出现粉尘飞扬、物料黏附、产生聚集性、药物晶型有可能发生改变等现象，可根据物料的特点采用不同的粉碎方法。通常的粉碎主要是利用外力破坏物料分子的内聚力而达到粉碎效果，粉碎的外力主要有压缩力、冲击力、弯曲力、研磨力和剪切力等，针对物料性质、粉碎程度不同，采用不同的外力进行粉碎，脆性物料主要采用冲击力、压缩力和研磨力，纤维性物料采用剪切力。在实际的操作过程中往往采用多种外力相结合。

2. 筛分

筛分是利用具有一定大小孔径的筛面将固体颗粒物料分级的操作，目的是得到大小一致、粗细均匀的物料粒子群或除去物料中的异物。在散剂、颗粒剂的质量检查项目中都有粒度检测，在混合、制粒、压片等单元操作中，筛分对混合度、粒子的流动性、充填性、片重差异、片剂的硬度等影响显著。药筛是最常使用的筛分设备，按《中国药典》规定，全国统一规格的用于药剂生产的筛盘，也称为标准药筛，共规定了九种筛号，一号筛的筛孔内径最大，九号筛的筛孔内径最小。目前制药工业上，习惯以目数来表示筛号及粉末的细粗，多以每英寸（2.54cm）长度有多少孔来表示，例如每英寸上有120个筛孔，就称120目筛。筛号数越大，粉末越细。根据一般实际要求，《中国药典》规定了以下六种粉末规格。

（1）最粗粉：指能全部通过一号筛（约2mm），但混有能通过三号筛（约0.35mm）不超过20%的粉末。

（2）粗粉：指能全部通过二号筛（约0.85mm），但混有能通过四号筛（约0.25mm）不超过40%的粉末。

（3）中粉：指能全部通过四号筛，但混有能通过五号筛（约0.18mm）不超过60%的粉末。

（4）细粉：指能全部通过五号筛，并含能通过六号筛（约0.15mm）不少于95%的粉末。

（5）最细粉：指能全部通过六号筛，并含能通过七号筛（约0.125mm）不少于95%的粉末。

（6）极细粉：指能全部通过八号筛，并含能通过九号筛（约0.075mm）不少于95%的粉末。

七、岗位综合能力考核

（一）岗位素养考核

1. 基本要求

（1）着装符合要求： 工作服□ 运动鞋□ 长发扎起□

（2）严谨认真的科学态度： 实训期间严肃认真□ 做好记录□ 不嬉戏打闹□

（3）安全意识、劳动素养： 操作规范□ 操作区整洁□

2. 案例分析

（1）在农村常使用一种手工筛，可以用"摇一摇""颠一颠""簸一簸"等动作描述，请思考这些动作对于过筛有什么意义？

(2) 在实际生产中为了赶生产工期，将原辅料放在一起粉碎，既能节约操作环节，又能节约时间。这种操作是否正确？原因是什么？

（二）岗位知识考核

1. 单项选择题

(1) 将物理性质及硬度相似的物料掺和在一起进行粉碎的方法是（　　）。

A. 干法粉碎　　　　B. 湿法粉碎　　　　C. 混合粉碎　　　　D. 低温粉碎

(2) 干法粉碎时物料中的含水量是（　　）。

A. 一般应少于 3% 　　　　　　　　B. 一般应少于 5%

C. 一般应少于 8% 　　　　　　　　D. 控制在 $5\%\sim8\%$ 之间最好

(3) 球磨机工作转速应为临界转速的（　　）。

A. $25\%\sim35\%$ 　　B. $35\%\sim50\%$ 　　C. $50\%\sim60\%$ 　　D. $60\%\sim80\%$

(4) 流能磨的粉碎原理是（　　）。

A. 高速气流使药物颗粒之间或颗粒与器壁之间碰撞作用

B. 不锈钢齿的研磨与撞击作用

C. 圆球的研磨与撞击作用

D. 机械面的相互挤压与研磨作用

(5) 能全部通过五号筛并含能通过六号筛不少于 95% 的粉末为（　　）。

A. 粗粉　　　　　　B. 中粉　　　　　　C. 细粉　　　　　　D. 最细粉

(6) 旋振筛出现物料粒度不均匀的现象，可能是由（　　）引起的。

A. 筛网安装不紧密，有缝隙　　　　B. 传动皮带松

C. 偏心距的大小不同　　　　　　　D. 多槽密封套被卡住

(7) 关于我国药典标准筛，下列药筛的孔径最大的是（　　）。

A. 一号筛　　　　　B. 二号筛　　　　　C. 三号筛　　　　　D. 五号筛

(8) 药筛筛孔的"目"数，习惯上是指（　　）。

A. 每厘米长度上筛孔数目　　　　　B. 每平方厘米面积上筛孔数目

C. 每英寸长度上筛孔数目　　　　　D. 每平方英寸面积上筛孔数目

(9) 《中国药典》将粉末分为（　　）个等级标准。

A. 五　　　　　　　B. 六　　　　　　　C. 七　　　　　　　D. 八

2. 多项选择题

(1) 关于粉碎设备使用，叙述正确的是（　　）。

A. 高速转运的粉碎机应空机启运，运转平稳后再加料

B. 应控制进料量

C. 及时将已符合粒度要求的细粉分离出来

D. 操作间内应有吸尘装置

E. 粉碎操作中出现温度过高也属正常现象

(2) 常用轮式气流粉碎机进行粉碎的药物是（　　）。

A. 抗生素　　　　B. 酶类　　　　C. 植物药　　　　D. 低熔点药物　　　　E. 矿物药

(3) 关于筛分设备使用时需注意的事项中叙述正确的是（　　）。

A. 应按物料粒度要求选取筛网规格　　　　　　B. 加料装置与筛面的距离不能大于 0.5m

C. 应空载启运，等设备转运平稳后开始加料　　D. 操作间和粉粒的湿度愈低愈好

(4) 关于粉碎与过筛的叙述中错误的是（　　）。

A. 球磨机既能用于干法粉碎又能用于湿法粉碎，转速越快粉碎效率越高

B. 流能磨可用于粉碎要求无菌的物料，但对热敏感的物料不适用

C. 工业用标准筛常用目数来表示，即每一厘米长度上筛孔的数目

D. 粉碎度用 n 来表示，即 $n = d$（粉碎前）$/d$（粉碎后）

3. 简答题

(1) 最细粉是指最细的药物粉末吗？最细粉的粉末粒径大约是多少？

(2) 珍珠、雄黄、炉甘石等矿物性质的物料粉碎常采用什么粉碎方法？简述选用此种粉碎方法的原因。

（三）岗位技能考核（见表 2-2-3）

粉碎、筛分岗位综合考核等级：优□　　　良□　　　　合格□

岗位三

一步制粒

一、岗位概述

该岗位主要包括混合、制浆、一步制粒、总混四个操作单元,其中混合是将粉碎筛分后的原辅料混合均匀,使各组分在阿司匹林肠溶片中分布均匀、含量均一,确保用药剂量准确、安全有效。制浆是根据处方工艺配制适宜黏度的淀粉浆,从而使物料满足一步制粒的要求。一步制粒也称流化制粒或沸腾制粒,其工作原理是物料粉末粒子在流化床中受到经净化的加热空气预热和混合形成流化状态,黏合剂雾化喷入,使若干粒子聚集成含有黏合剂的团粒,由于热空气的不断干燥,团粒中水分蒸发,黏合剂凝固,此过程不断重复进行,形成理想的均匀多微孔球状颗粒。与传统湿法制粒相比,一步制粒具有工艺简单、生产效率高、劳动强度低等特点,是集混合、制粒、干燥于一体的先进制粒技术。本模块中阿司匹林肠溶片的制备采用一步制粒法获得符合质量要求的颗粒,再加入滑石粉作为润滑剂进行总混,为下一岗位的压片提供符合工艺要求的物料。

二、岗位任务与要求

岗位任务与要求见表 2-3-1。

表 2-3-1 一步制粒岗位任务与能力素质要求

岗位任务	能力素质要求
设备调试	1. 能认真检查核对设备等状态标识牌并进行更换,为生产做好准备; 2. 具备根据生产要求选择适宜设备并对其状态进行检查、调试、清洁的能力; 3. 掌握设备的工作原理,能按流化床制粒机标准操作规程进行操作
制浆	1. 能准确判断淀粉的性状是否符合规定要求,称量时双人复核; 2. 能按处方工艺配制黏合剂并控制好制浆温度; 3. 能准确判断制备的淀粉浆是否符合制粒要求
一步制粒	1. 具备将黏合剂按配比要求和流化制粒设备操作规程进行预混、制粒和干燥的能力; 2. 能熟练调节物料流化状态和黏合剂雾化状态,控制加浆量、喷速、制粒时间等参数,使制备的颗粒达到规定标准
混合与总混	1. 能正确按照三维混合机操作标准规程进行混合操作,控制好混合时间和混合机内物料量,确保物料混合均匀; 2. 在此岗位操作中,培养严谨的科学态度,做到严格按操作规程循序渐进

三、岗位操作规程

岗位操作规程见表 2-3-2。

表 2-3-2　一步制粒岗位操作规程

操作	操作规程
生产前准备	环境、设备、容器具、物料、文件、常规设备检查同表 2-2-2
混合	1. 根据混合机标准操作规程进行操作
	2. 通过真空泵使得混合机内达到一定的真空度,按配方将阿司匹林原料和辅料淀粉吸进混合机内,确定混合容量不超过总容量的 40%
	3. 启动机器,按规定进行数次正转和反转混合
制浆	1. 按高效制浆机标准操作规程制浆
	2. 按照 15% 淀粉浆浓度,将称量好的淀粉加入全部量的水中形成混悬液,通过提升机倒入制浆锅内
	3. 启动搅拌桨,在制浆机内形成涡流,开启制浆锅蒸汽阀门对锅内浆液进行加热,直至浆液均匀糊化
一步制粒	1. 开启空气压缩机开关,调节气源输出压力为 0.45MPa,雾化压力为 0.3MPa
	2. 打开流化床制粒机进风过滤系统的电机开关,机身内的电流调到 2.7A,电压调到 380V 左右,调节进风温度为 60℃、出风温度为 30℃
	3. 点击流化床制粒机主机面板"顶升"按钮,料斗容器上升,封闭各腔室,通过连接在流化床制粒机上的真空吸料泵吸入混匀的原辅料,加料量上限一般设定为沸腾器容量的 2/3
	4. 开启气源阀门,通入洁净的加热空气,吹起物料形成流化状态,使物料混合
	5. 淀粉浆通过保温桶输送至喷枪,经压缩空气雾化后喷入制粒腔体,使悬浮的物料搭桥凝结为团粒,团粒与气流携带的热量置换加热,干燥成均匀多微孔球状颗粒
	6. 生产一段时间后要取样品颗粒进行检测,查看颗粒状态是否符合要求
	7. 生产过程中,不定时对滤袋进行清理
	8. 点击流化床制粒机主机面板"顶降"按钮,容器降下,料斗拉出,将成品接料桶移置料斗下,转动出料,关闭电源
	9. 接料桶经过称重后填写物料周转标签转移至下一总混岗位
总混	1. 将一步制粒后的物料和滑石粉按配方投入混合料斗,按照设定好的参数使物料在料斗里做翻滚、混合运动,达到符合压片要求的均匀状态
	2. 总混后填写物料周转标签送至中间站,并称量、贴签,注明品名、批号、数量、日期、操作人员等,填写生产记录文件
清场	参照表 2-2-2 进行清场操作

四、岗位操作与记录

岗位操作与记录见表 2-3-3。

表 2-3-3 一步制粒岗位生产记录

<table>
<tr><td colspan="2">产品名称</td><td></td><td colspan="2">生产指令号</td><td></td><td colspan="2">批号</td><td></td></tr>
<tr><td rowspan="3">生产前</td><td colspan="8">按 SOP 要求对场地、设备、环境进行检查:</td><td rowspan="3">操作人:_____
复核人:_____
日期: 年 月 日</td></tr>
<tr><td colspan="8">场地□ 设备□ 环境□ 物料卡□ 状态牌□</td></tr>
<tr><td colspan="8">岗位操作及清洁 SOP□ 设备操作及清洁 SOP□</td></tr>
<tr><td rowspan="5">制浆操作</td><td colspan="3">设备名称</td><td></td><td colspan="3">设备编号</td><td></td><td></td></tr>
<tr><td>淀粉投料量/kg</td><td colspan="2">批号</td><td>饮用水量/kg</td><td>开始时间</td><td colspan="2">结束时间</td><td colspan="2">淀粉浆总量/kg</td></tr>
<tr><td colspan="9">收率(%)=淀粉浆总重量/(淀粉投料量+饮用水量)×100%</td></tr>
<tr><td colspan="5">限度要求:95%≤限度≤100%;实际为_____%</td><td colspan="4">是否符合规定要求:是□否□</td></tr>
<tr><td colspan="3">操作人员:</td><td colspan="2">计算人员:</td><td colspan="2">复核人员:</td><td colspan="2">QA 人员:</td></tr>
<tr><td rowspan="17">一步制粒操作</td><td colspan="3">设备名称</td><td></td><td colspan="2">设备编号</td><td></td><td></td><td></td></tr>
<tr><td colspan="3">物料名称</td><td colspan="2">第 1 锅</td><td colspan="2">第 2 锅</td><td colspan="2">第 3 锅</td></tr>
<tr><td colspan="3">阿司匹林/kg</td><td colspan="2"></td><td colspan="2"></td><td colspan="2"></td></tr>
<tr><td colspan="3">淀粉/kg</td><td colspan="2"></td><td colspan="2"></td><td colspan="2"></td></tr>
<tr><td colspan="3">制浆淀粉/kg</td><td colspan="2"></td><td colspan="2"></td><td colspan="2"></td></tr>
<tr><td colspan="3">制粒前原辅料总量/kg</td><td colspan="2"></td><td colspan="2"></td><td colspan="2"></td></tr>
<tr><td rowspan="8">操作参数</td><td colspan="2">开始时间</td><td colspan="2"></td><td colspan="2"></td><td colspan="2"></td></tr>
<tr><td colspan="2">进风温度/℃</td><td colspan="2"></td><td colspan="2"></td><td colspan="2"></td></tr>
<tr><td colspan="2">气源压力/MPa</td><td colspan="2"></td><td colspan="2"></td><td colspan="2"></td></tr>
<tr><td colspan="2">雾化压力/MPa</td><td colspan="2"></td><td colspan="2"></td><td colspan="2"></td></tr>
<tr><td colspan="2">结束时间</td><td colspan="2"></td><td colspan="2"></td><td colspan="2"></td></tr>
<tr><td colspan="2">颗粒总量/kg</td><td colspan="2"></td><td colspan="2"></td><td colspan="2"></td></tr>
<tr><td colspan="2">颗粒收率/%</td><td colspan="2"></td><td colspan="2"></td><td colspan="2"></td></tr>
<tr><td colspan="9">颗粒收率(%)=颗粒总量/制粒前原辅料总量×100%</td></tr>
<tr><td colspan="5">限度要求:93%≤限度≤100%;实际为____%</td><td colspan="4">是否符合规定要求:是□ 否□</td></tr>
<tr><td colspan="3">操作人员:</td><td colspan="2">计算人员:</td><td colspan="2">复核人员:</td><td colspan="2">QA 人员:</td></tr>
<tr><td rowspan="3">清场</td><td colspan="5">按要求清场:</td><td colspan="4" rowspan="3">清场人:_____
复核人:_____
日期: 年 月 日</td></tr>
<tr><td colspan="5">设备□、工器具□、容器□、地面□</td></tr>
<tr><td colspan="5">其他□_____</td></tr>
<tr><td colspan="6">异常(突发)情况记录及处理:无异常□ 异常情况□_____</td><td colspan="3">记录人:_____</td></tr>
<tr><td colspan="6" style="text-align:center">考核等级:优□ 良□ 合格□</td><td colspan="3">岗位操作考核人:_____</td></tr>
</table>

五、认识设备

1．流化床制粒机（沸腾干燥制粒机）

流化床制粒机是集混合、制粒、干燥于一体的设备，主要由容器、气体分布装置（如筛板）、喷嘴（雾化器）、气固分离装置（如袋滤器）、空气送入与排出装置和物料进出装置等组成（见图 2-3-1）。其工作原理是将大量固体颗粒悬浮于运动的流体之中，当气体由设备下部通入床层，随着气流速度加大至某程度，固体颗粒在床层内就会处于沸腾状态，粉末粒子在流化床受到加热空气预热和混合，喷嘴将黏合剂雾化喷入，使物料黏合、聚集成粒，热气流带走颗粒中的水分得到干燥的颗粒。其作用特点是集混合、制粒、干燥于一体，自动化程度高，操作周期短；通过粉体造粒改善流动性；设备无死角，易清洗干净，符合 GMP 生产要求。流化床还可用于湿法制粒后物料的干燥、微丸的包衣、干燥物料使其包裹在微丸外表面形成微丸颗粒。摇摆式颗粒机、高速混合制粒机和滚压制粒机详细情况请扫二维码 SP2-6 继续学习。

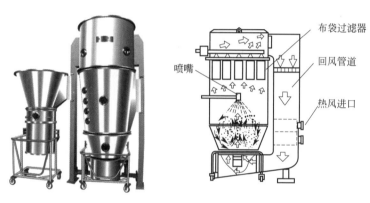

喷嘴

布袋过滤器

回风管道

热风进口

SP2-6 沸腾制粒机操作流程

图 2-3-1　流化床制粒机结构示意图

2．混合设备

固体混合设备一般分为容器旋转型混合设备和容器固定型混合设备。容器旋转型混合机是靠容器本身的旋转作用带动物料上下运动而使物料混合的设备，主要包括 V 型混合机和三维运动混合机，适用于比重相近、粒径分布窄的物料，在药物制剂中常用。详细情况请扫二维码 SP2-7 继续学习。

SP2-7 三维混合机操作流程

六、知识链接

1．制粒

制粒是把粉末、熔融液、水溶液等物料经加工制成具有一定形状和大小的粒状物的操作，又称为成粒操作。制粒的目的主要是改善物料的流动性，避免物料黏结成块，防止粉末飞扬及黏冲现象，防止物料中各组分离析而影响片剂中药物含量均匀性，在片剂生产中利于压力均匀传递，减少片重差异等。制粒的方法分为湿法制粒法和干法制粒法，湿法制粒法主要包括传统湿法制粒法（挤压制粒法）、一步制粒法（流化制粒法）和喷雾制粒法等。常见的制粒方法比较如表 2-3-4 所示。

表 2-3-4　常见制粒方法比较

制粒方法	湿法制粒法			干法制粒法
	传统湿法制粒法（挤压制粒法）	一步制粒法（流化制粒法）	喷雾制粒法	
制粒原理	粉末在溶液的雾状气态中流化，进而聚集成颗粒并干燥	药物溶液或混悬液雾化成液滴并散布于热气流中，水分迅速蒸发以获得球状干颗粒	在原辅料粉末中加入适宜黏合剂使粉末聚结在一起而制成颗粒	药物粉末加入适宜的辅料或直接压缩成较大的片状物后，重新粉碎成需要大小的颗粒
优点	生产效率高，易实现自动化；中间体质量高，利于提高片剂质量；符合发展趋势	干燥速度快，受热时间短；得到的中空球状颗粒具有良好溶解性、分散性和流动性	颗粒外形美观，工艺稳定性比较好；压缩成形性好	工艺简单，能耗低，省工省时，易实现连续生产；消除因水引起的药物降解，药物含量均匀性好
缺点	动力消耗大，物料密度不能相差太大	设备费用高、能耗大，对于黏性较大的药物溶液易出现粘壁现象	工序多，时间长，环节多，易造成物料的损失	粉尘多、噪声大，单机产能较低，成本较高
适用范围	适用于含湿或热敏性物料	适用于热敏性物料、抗生素粉针、微囊、固体分散体	不适用于热敏性药物	适用于热敏性物料、遇水易分解药物

2. 混合

混合是指将两种或两种以上组分的固体微粒相互分散均匀的操作过程。混合的方法主要有搅拌混合、研磨混合、过筛混合。混合的目的主要是使物料均匀分散，减少组分间的非均匀性，改善物料的流动性和可压性，消除间歇生产不同批号产品之间的差异。通过混合操作使物料中的药物达到一定的均匀性，从而保证药物剂量的准确。

七、岗位综合能力考核

（一）岗位素养考核

1. 基本要求

（1）着装符合要求：　工作服□　运动鞋□　　长发扎起□

（2）严谨认真的科学态度：　实训期间严肃认真□　　做好记录□　　不嬉戏打闹□

（3）安全意识、劳动素养：　操作规范□　　操作区整洁□

2. 案例分析

制粒在胶囊剂、颗粒剂、片剂等剂型的生产中均是关键性工序，传统制粒工艺要经过混合、制软材、制颗粒、干燥、整粒等岗位，这些岗位在其连续环节上难免产生污染，导致最终产品不合格，结合本岗位操作，分析一步制粒技术的优点，体会先进制药设备对药品生产质量的重要影响。

（二）岗位知识考核

1. 单项选择题

（1）混合筒可做多方向运转的复合运动的设备是（　　）。

A. V 型混合机　　　　　　　　　　　　B. 三维运动混合机

C. 槽形搅拌混合机　　　　　　　　　　D. 锥形螺旋混合机

（2）关于 V 型混合机的叙述错误的是（　　　）。

A. 在旋转型混合机中应用较为广泛　　　B. 筒体装载率可达 80%

C. 以对流混合为主　　　　　　　　　　D. 最适宜转速可取临界转速的 30%～40%

（3）下列不是制粒目的的是（　　　）。

A. 改善流动性并在压片过程中使压力传递均匀　　　B. 防止各成分的离析

C. 便于服用，携带方便，降低商品价值　　　　　　D. 调整堆密度，改善溶解性能

（4）关于摇摆式颗粒机使用叙述正确的是（　　　）。

A. 根据颗粒粒度要求选择合适目数的筛网　　　B. 筛网安装紧即可

C. 加入湿物料要多些，可提高效率　　　　　　D. 筛丝移动的筛网还可继续使用

（5）在一台设备内可完成混合、制粒、干燥，甚至包衣等操作的是（　　　）。

A. 摇摆式颗粒机　　B. 高效混合制粒机　　C. 锥形螺旋混合机　　D. 流化床制粒机

（6）关于摇摆式颗粒机的叙述正确的是（　　　）。

A. 可以直接加入粉末和黏合剂　　　　　　　B. 应先制好软材再加入机器中制粒

C. 使用时先加入制好的软材，然后再开机运行　　D. 应大量加入软材以提高生产效率

（7）关于干法制粒设备的特点叙述错误的是（　　　）。

A. 干法制粒不加入液体　　　　　　　　　　B. 干法制粒避免了物料受湿、热的影响

C. 干法制粒适合于易压缩成型的药物　　　　D. 使用时滚压轮和粉碎轮的运转速度应相同

（8）关于喷雾干燥叙述错误的是（　　　）。

A. 干燥速率慢，时间长，大约需要十几个小时　　　B. 无粉尘飞扬，生产能力大

C. 动力消耗大，一次性投资较大　　　　　　　　　D. 产品具有良好的疏松性和速溶性

（9）下列不属于流化床制粒的特点的是（　　　）。

A. 热风温度高，不适合热敏性物料的制粒　　B. 一台设备内完成混合、制粒、干燥

C. 制得颗粒较疏松，能改善溶出率　　　　　　D. 设备操作方便，减轻劳动强度，造价高

（10）关于干法制粒叙述正确的是（　　　）。

A. 可加入适量液体黏合剂　　　　　　　B. 药物可避免湿和热的影响

C. 应特别注意防爆问题　　　　　　　　D. 可用高效混合制粒机来制粒

2. 多项选择题

（1）混合的基本原理包括（　　　）。

A. 对流混合　　B. 剪切混合　　C. 扩散混合　　D. 旋转混合　　E. 冲击混合

（2）实验室常用的混合方法有（　　　）。

A. 搅拌混合　　B. 研磨混合　　C. 扩散混合　　D. 过筛混合　　E. 旋转混合

（3）既有混合作用又有制粒作用的设备是（　　　）。

A. 摇摆式制粒机　　　　　　　B. 高效混合制粒机　　　　　　C. 流化床制粒机

D. 挤压制粒机　　　　　　　　E. 一步制粒机

（三）岗位技能考核（见表 2-3-3）

一步制粒岗位综合考核等级：优□　　　良□　　　合格□

岗位四

压 片

一、岗位概述

压片系指将合格的药物粉末或颗粒使用规定的模具和专用的压片设备,压制成合格片剂的工艺操作过程。压片应严格按照企业的批生产指令,使用合适的压片设备,将颗粒压制成合格的片剂,并进行中间产品检查,压片结束后,应对设备进行清洁、维护和保养。

SP2-8 压片
岗位

二、岗位任务与要求

岗位任务与要求见表 2-4-1。

表 2-4-1 压片岗位任务与能力素质要求

岗位任务	能力素质要求
生产前准备	1. 能按生产指令单接收、核对并复核生产用物料的名称、数量和批号; 2. 能按工艺要求选择适宜压片设备并安装压片机,确认安装正确,并能进行日常维护和保养; 3. 能校准和检查压片过程中使用的各种仪器是否处于正常状态并进行调整
压片	1. 严格按照压片机设备标准操作规程使用压片机,监控生产过程中产品的质量(包括外观、重量差异限度、脆碎度、崩解时限、硬度等)是否符合工艺要求; 2. 能熟练计算片重差异并根据实际情况调节上下冲位置以调整物料填充量; 3. 具备安全生产的意识,懂得压片中的安全防护
清场	1. 压片完成后,能对设备进行清洁维护; 2. 能及时、规范地填写批生产记录、设备运行记录,报告并处理制粒生产过程中的异常情况; 3. 具备相应岗位的职业责任意识

三、岗位操作规程

岗位操作规程见表 2-4-2。

表 2-4-2 压片岗位操作规程

操作	操作规程
生产前准备	1. 环境、设备、容器具、物料、文件、常规设备检查同表 2-2-2
	2. 根据批生产指令从中间站领取原辅料,核对原辅料信息,确认无误后移至操作间进行压片操作

操作	操作规程
压片	1. 按照高速旋转式压片机 SOP 进行设备安装和生产操作
	2. 按照模具管理规程领取对应模具(9mm 浅弧圆冲)至操作间并安装到位后检查
	3. 接通压片机主电源,按要求打开润滑系统、辅机系统
	4. 根据产品工艺要求设定压片生产参数,将压片机的转速设置为 60r/min
	5. 将待压片的物料加入料桶中,通过调节上下冲的位置,改变模孔的容积,加压于定量物料,使其受压成一定厚度和硬度的片状形态,出片机构将中模孔内压制成型的药片推出,调节片重、压力,测片重及片重差异、硬度、脆碎度、崩解时限,确认符合要求并经 QA 人员确认合格
	6. 试压合格后加入待压片物料,以自动运行方式正常开机压片,压制好的阿司匹林素片将流转到包衣岗
	7. 压片过程中,应随时检查外观、片重、硬度和脆碎度,根据要求进行相关检测,及时控制和保证产品相关检查项目都在合格范围内
	8. 每个周转容器装满药片后,称重并附上状态标识,按中间站管理规程转移至中间站。压片结束后,依次关闭主机、供料器、辅机、润滑泵、电源
	9. 将废弃物按照废弃物管理规程及时处理
	10. 生产过程中应及时填写批生产记录、设备使用日志
清场	参照表 2-2-2 清场要求

四、岗位操作与记录

岗位操作与记录见表 2-4-3。

表 2-4-3　压片岗位操作与记录

	产品名称			批　号		生产指令号	
	生产日期			压片机型号		压片机编号	
	理论产量		12 万片		实际产量		
生产前	按 SOP 要求对场地、设备、环境进行检查：场地□　设备□　环境□　物料卡□　状态牌□　岗位操作及清洁 SOP□　设备操作及清洁 SOP□					操作人：＿＿＿＿＿　复核人：＿＿＿＿＿　日期：　年　月　日		
压片机调试	取样时间			10 片重量/g		外观质量		
	操作者：			复核者：				
压片	压片时间/min		压片开始时间		压片结束时间		
	模具冲头规格		平均片重/g		设备转速/(r/min)		
	片重检查频次		领用颗粒总量/kg		颗粒余量/kg		
	素片总量/kg		取样重量/kg		尾料重量/kg		
	崩解时限/min		脆碎度/%		片重差异	＿＿±＿＿%	

片重差异检查	时间	每片片重/g	平均片重/(g/片)	波动范围/(g/片)
	操作者：　　　　　　　　　　　　　　　复核者：			

崩解时限及脆碎度检查	时间	崩解时限/min	时间	脆碎度/%

物料	物料平衡＝(素片总重＋取样重量＋尾料重量)/领用颗粒总量×100%
	收率(%)＝实际产量(万片)/理论产量(万片)×100%
	限度要求：95%≤限度≤100%；实际限度＿＿＿＿＿%　是否符合规定要求：是□　否□
	操作人员：　　　　计算人员：　　　　复核人员：　　　　QA 人员：

清场	按要求清场：设备□、工器具□、容器□、地面□　其他□	清场人：＿＿＿＿＿　复核人：＿＿＿＿＿　日期：　年　月　日

异常(突发)情况记录及处理：无异常□　异常情况□＿＿＿＿＿　记录人：＿＿＿＿＿

考核等级：优□　良□　合格□　　　　　　岗位操作考核人：＿＿＿＿＿

五、认识设备

压片机：是指将各种颗粒状或粉状物料置于模孔内，用冲头压制成片剂的机器。目前常用的是旋转式多冲压片机，其压片过程包括填料、压片和出片，有 16 冲、19 冲、33 冲、35 冲等型号，按转盘旋转一周充填、压缩、出片等操作的次数，可分为单压、双压、三压等，根据出片轨道数目不同又可以分为单轨道和双轨道多冲压片机。为使机器减少振动及噪声，双压双轨道压片机内用两套压轮交替加压，使动力的消耗减少，因为其饲粉方式相对合理，片重差异较小，压力分布均匀，生产效率较高，其中 19 冲旋转压片机最高产量可达 8 万～10 万片/h。GZPT40 旋转式多冲压片机外观、构成、工作原理及压片过程详细情况请扫二维码 SP2-9 继续学习。

SP2-9 旋转式压片机操作流程

六、知识链接

片剂的制备要考虑药物的性质、临床用药的要求和设备的条件等因素，目前常用的制备方法有湿法制粒压片、干法制粒压片和直接压片，其中制粒压片法应用最广泛。但受药物的性质、处方组成、生产工艺技术以及生产设备等诸多因素影响，在片剂制备过程中可能会出现某些问题，这些问题有的出现在压片过程中，有的出现在贮存过程中，有的会影响后续的包衣和包装。这些问题必须在压片工艺上解决，否则会使片剂的外观、内在质量、释放指标、稳定性甚至疗效等产生偏差。应针对具体问题进行具体分析，查找原因，找出解决方法。片剂制备中常见的问题见图 2-4-1，原因及解决方法请扫描二维码 WZ2-1 学习。

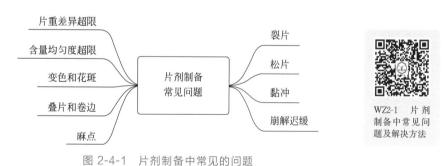

WZ2-1 片剂制备中常见问题及解决方法

图 2-4-1 片剂制备中常见的问题

七、岗位综合能力考核

（一）岗位素养考核

1. 基本要求

（1）着装符合要求：　　工作服□　　　　运动鞋□　　　长发扎起□
（2）严谨认真的科学态度：实训期间严肃认真□　　做好记录□　　不嬉戏打闹□
（3）安全意识、劳动素养：操作规范□　　　操作区整洁□

2. 案例分析

（1）在实际生产过程中，每一步都要严格遵守 SOP 进行规范操作，从而保证药品的质量和安全生产。请大家结合仿真实训《压片机的冲模安装》，汇总操作过程中可能存在的风险以免造成药品生产的安全事故。

（2）对乙酰氨基酚难溶于水，今将其制成口服片剂（规格为 0.3g），试验发现有裂片和崩解时限不合格的问题。试分析原因，并讨论应采取哪些相应的措施。

（二）岗位知识考核

1. 单项选择题

（1）现制备某片剂 1000 片，得到 305.5 kg 干颗粒，加入滑石粉 3 kg，则每片片重应为（　　）。

A. 0.3025g　　　　　B. 0.3085g　　　　　C. 0.3355g　　　　　D. 0.3055g

（2）下列辅料既可作填充剂，又可作黏合剂，还兼有良好崩解作用的是（　　）。

A. 糊精　　　　　B. 甲基纤维素　　　　　C. 滑石粉　　　　　D. 微晶纤维素

（3）不属于湿法制粒的方法是（　　）。

A. 过筛制粒　　　　　B. 滚压式制粒　　　　　C. 流化沸腾制粒　　　　　D. 喷雾干燥制粒

2. 多项选择题

（1）湿法制粒包括（　　）。

A. 软材挤压过筛制粒　　　　　B. 一步制粒　　　　　C. 喷雾干燥制粒

D. 高速搅拌制粒　　　　　E. 大片法制粒

（2）可做片剂崩解剂的是（　　）。

A. 淀粉浆　　　　　B. 干淀粉　　　　　C. 羧甲基淀粉钠

D. 硬脂酸镁　　　　　E. 羧甲基纤维素钠

（3）下列有关片剂制备的叙述中，正确的是（　　）。

A. 颗粒硬度小，压片后崩解快　　　　　B. 颗粒过干会造成裂片

C. 颗粒中细粉过多会造成黏冲　　　　　D. 随压力增大，片剂的崩解时间会延长

E. 可压性强的物料压成的片剂，崩解慢

（4）引起片重差异超限的原因是（　　）。

A. 颗粒中细粉过多　　　　　B. 压力不恰当　　　　　C. 颗粒的流动性不好

D. 冲头与模孔吻合性不好　　　　　E. 加料内物料的重量波动

（5）片剂制备时产生松片的原因有（　　）。

A. 黏合剂黏性太差　　　　　B. 压力不够　　　　　C. 物料受压的时间不够

D. 黏合剂用量不够　　　　　E. 润滑剂用量不够

（6）在压片过程中压力过大会出现（　　）。

A. 裂片　　　　　B. 松片　　　　　C. 黏冲　　　　　D. 崩解迟缓　　　　　E. 色斑

3. 简答题

（1）乙酰螺旋霉素片中每片含乙酰螺旋霉素 0.1g，制成颗粒后，测得颗粒中的含主药量为 8.5%，请计算片重范围。（写出计算公式）

（2）现制备 0.25g 的四环素 10 万片，共制得 36.3kg 的干颗粒，又加入 0.4kg 的硬脂酸镁，请计算出片重范围。（写出公式及计算步骤）

（3）片剂生产中设备出现如下现象，请分析故障原因和处理方法。

故障现象	故障原因	处理方法
料仓物料过少报警		
系统显示"压力过载"		
系统显示"下冲过紧"		
系统显示"上冲过紧"		
系统显示"润滑不足"		
系统显示"门窗未关"		

（三）岗位技能考核（见表 2-4-3）

压片岗位综合考核等级：优□　　　良□　　　合格□

岗位五

包 衣

一、岗位概述

片剂包衣是指在片剂（片芯或素片）的表面包裹适宜包衣材料，使药物与外界隔离的操作。包衣岗位要按照批生产指令选择合适的包衣设备，将检验合格的药物素片喷洒上所需的包衣材料，使素片成为包衣片，并进行中间产品检查。肠溶衣材料主要有丙烯酸树脂类、纤维醋法酯（CAP）、羟丙甲纤维素酞酸酯（HPMCP）、聚乙烯醇酞酸酯（PVAP）等。本岗位中阿司匹林肠溶片的制备选取了最常用的肠溶衣材料丙烯酸树脂Ⅱ号。

SP2-10 包衣岗位

二、岗位任务与要求

岗位任务与要求见表 2-5-1。

表 2-5-1 包衣岗位任务与能力素质要求

岗位任务	能力素质要求
生产前准备	1. 能根据生产指令领取检验合格的素片、包衣材料，核对品名、批号和数量； 2. 能按安全和工艺要求完成包衣设备的空转调试并对其进行清洁和维护保养
包衣	1. 能根据调试结果选择合适的包衣液浓度，并按照处方要求配制包衣液； 2. 能按设备操作规程和工艺要求使用包衣机进行包衣； 3. 能及时记录、报告并处理包衣生产过程中的异常情况； 4. 能通过观察阿司匹林肠溶片外观、色泽及药片增重，确保包片符合质量内控标准
清场	1. 认真如实填写包衣生产操作记录； 2. 包衣结束按照有关 SOP 进行清查，负责包衣岗位卫生清洁，填写清场记录； 3. 具备包衣岗位的职业责任感，工作严谨，具有良好的沟通能力

三、岗位操作规程

岗位操作规程见表 2-5-2。

表 2-5-2 包衣岗位操作规程

操作	操作规程
包衣前准备	1. 环境、设备、容器具、物料、文件、常规设备检查同表 2-2-2 2. 根据批生产指令从中间站领取素片和丙烯酸树脂Ⅱ号，核对物料信息，确认无误后移至操作间进行包衣操作 3. 消毒：用 75% 乙醇擦拭、喷洒消毒包衣锅，喷洒过程中，仔细检查喷嘴、泵和空气压力是否正常

操作	操作规程
包衣	1. 包衣液配制：按照处方工艺用纯化水作为溶剂，配制10％丙烯酸树脂Ⅱ号包衣液25kg，将其倒入保温罐内，保温罐温度设置为50℃，加热搅拌
	2. 按包衣机操作SOP操作设备，将适量阿司匹林素片倒入包衣锅内，设定热风温度50～60℃，使片芯充分预热，调整包衣机转速为5r/min
	3. 设定压缩空气压力为0.45 Pa，启动"匀浆""热风"和"排风"，打开雾化气泵
	4. 打开进风系统开关，进风温度设为60℃，出风温度设为45℃
	5. 开启蠕动泵进行喷浆包衣，蠕动泵速率为1.5mL/min，蠕动泵将包衣液输送到喷枪，打开喷浆开关，喷覆在阿司匹林素芯表面，等待浆液干燥，干燥温度控制在40～50℃，反复进行以上喷浆操作，喷完生产指令要求的肠溶衣液，关闭压缩空气
	6. 停止"匀浆"，关闭"热风阀"，干燥后打开包衣舱门，阿司匹林肠溶片流出，取出置晾片间
	7. 接料桶经过称重后，填写物料周转标签，加盖封好并称量，填写中间产品交接单及请验单，计算收率
清场	参照表2-2-2清场要求

笔记

四、岗位操作与记录

岗位操作与记录见表 2-5-3。

表 2-5-3　包衣岗位操作与记录

<table>
<tr><td colspan="2">生产指令号</td><td></td><td colspan="2">片芯规格</td><td></td><td colspan="2">素片总重量/kg</td><td></td></tr>
<tr><td colspan="2">包衣材料名称</td><td></td><td colspan="2">片芯批号</td><td></td><td colspan="2">片芯平均重量/g</td><td></td></tr>
<tr><td colspan="2">包衣材料批号</td><td></td><td colspan="2">设备名称</td><td></td><td colspan="2">设备编号</td><td></td></tr>
<tr><td rowspan="2">生产前</td><td colspan="5">按 SOP 要求对场地、设备、环境进行检查：
场地□　设备□　环境□　物料卡□　状态牌□</td><td colspan="4">操作人：_____
复核人：_____</td></tr>
<tr><td colspan="5">岗位操作及清洁 SOP□　设备操作及清洁 SOP□</td><td colspan="4">日期：　　年　　月　　日</td></tr>
<tr><td rowspan="17">包衣操作</td><td colspan="4">包衣材料用量/kg</td><td></td><td colspan="3">饮用水量/kg</td><td></td></tr>
<tr><td colspan="4">包衣液用量/kg</td><td></td><td colspan="3">最终平均片重/g</td><td></td></tr>
<tr><td colspan="4">进风温度/℃</td><td></td><td colspan="3">出风温度/℃</td><td></td></tr>
<tr><td colspan="4">包衣机转速/(r/min)</td><td></td><td colspan="3">蠕动泵转速/(r/min)</td><td></td></tr>
<tr><td colspan="4">室内温度/℃</td><td></td><td colspan="3">室内湿度/%</td><td></td></tr>
<tr><td colspan="4">干燥温度/℃</td><td></td><td colspan="3">保温罐温度/℃</td><td></td></tr>
<tr><td colspan="2">时间</td><td colspan="2">平均片重/g</td><td>增重/%</td><td colspan="2">时间</td><td>平均片重/g</td><td>增重/%</td></tr>
<tr><td colspan="2"></td><td colspan="2"></td><td></td><td colspan="2"></td><td></td><td></td></tr>
<tr><td colspan="2"></td><td colspan="2"></td><td></td><td colspan="2"></td><td></td><td></td></tr>
<tr><td colspan="2"></td><td colspan="2"></td><td></td><td colspan="2"></td><td></td><td></td></tr>
<tr><td colspan="3">包衣片总量/kg</td><td colspan="2"></td><td colspan="3">取样量/kg</td><td></td></tr>
<tr><td colspan="3">尾料重量/kg</td><td colspan="2"></td><td colspan="3">崩解时限/min</td><td></td></tr>
<tr><td colspan="3">晾片开始时间</td><td colspan="2"></td><td colspan="3">晾片结束时间</td><td></td></tr>
<tr><td colspan="9">收率(%)＝(包衣片总量＋取样量＋尾料重量)/(素片重量＋包衣液重量)×100 %</td></tr>
<tr><td colspan="5">限度要求：95 %≤限度≤100 %；实际为____ %</td><td colspan="4">是否符合规定要求：是□　否□</td></tr>
<tr><td colspan="9">操作人员：　　　　计算人员：　　　　　复核人员：　　　　　QA 人员：</td></tr>
<tr><td rowspan="2">清场</td><td colspan="5">按要求清场：
设备□　工器具□　容器□　地面□
其他□_____</td><td colspan="4">清场人：_____
复核人：_____
日期：　　年　　月　　日</td></tr>
<tr><td colspan="9">异常(突发)情况记录及处理：无异常□　异常情况□_____　记录人：_____</td></tr>
<tr><td colspan="10" style="text-align:center">考核等级：优□ 良□ 合格□　　　　　　　岗位操作考核人：_____</td></tr>
</table>

五、认识设备

常用的包衣方法分为滚转包衣法、流化床包衣法和压制包衣法，不同的包衣方法导致包衣设备各有特色，常见包衣设备及其特点见图 2-5-1。

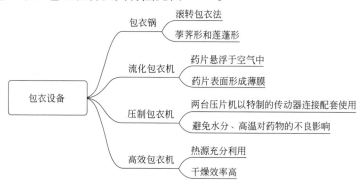

图 2-5-1　各类包衣设备及其特点

WZ2-2　包衣的发展、目的、要求及类型

SP2-11　阿司匹林肠溶片包衣材料介绍

六、知识链接

包衣是指在片芯的表面包裹适宜包衣材料，使药物与外界隔离的操作。包有衣料的片剂又称包衣片，包衣的材料称为包衣材料或衣料。根据包衣材料的不同，包衣片通常可分为糖衣片、薄膜衣片、肠溶衣片三类。包糖衣是沿用已久的传统包衣工艺，正逐步被薄膜包衣工艺所替代。包衣的目的、对片芯的要求、片剂包衣后应达到的要求、包衣片的发展及包衣材料类见图 2-5-2 及扫描二维码 WZ2-2，包衣材料的相关知识请扫描二维码 SP2-11。

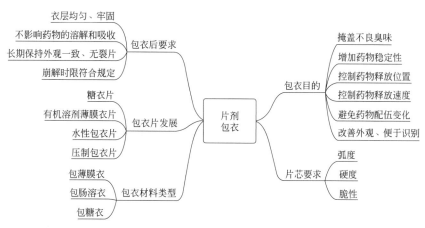

图 2-5-2　包衣片的发展、包衣目的、要求及类型

七、岗位综合能力考核

（一）岗位素养考核

1. 基本要求

（1）着装符合要求：　　　　工作服□　　　运动鞋□　　　长发扎起□

（2）严谨认真的科学态度：　实训期间严肃认真□　　做好记录□　　不嬉戏打闹□

（3）安全意识、劳动素养：　操作规范□　　操作区整洁□

2. 案例分析

薄膜包衣是一个正在迅速发展的制剂技术，配合制药设备的发展，薄膜包衣技术可以实现自动化大生产，并且完全满足现代 GMP 对药品生产设备和生产环境的要求。请根据已知的薄膜包衣知识，进一步查阅资料，了解包衣材料的发展，尤其是新型药用高分子材料的发展对制剂工业的影响和贡献。

（二）岗位知识考核

1. 单项选择题

（1）有关片剂包衣错误的叙述是（　　　　）。

A. 可以控制药物在胃肠道的释放速率

B. 滚转包衣法适用于包薄膜衣

C. 包隔离层是为了形成一道不透水的障碍，防止水分浸入片芯

D. 用聚乙烯吡咯烷酮包肠溶衣，具有包衣容易、抗胃酸性强的特点

E. 乙基纤维素为水分散体薄膜衣材料

（2）不属于包衣目的的是（　　　　）。

A. 避免配伍问题　　　　　　B. 提高生物利用度　　　　　　C. 增加药物稳定性

D. 定位释放　　　　　　　　E. 防潮

2. 多项选择题

（1）包衣主要是为了（　　　　）。

A. 控制药物在胃肠道的释放部位　　　　B. 控制药物在胃肠道中的释放速率

C. 掩盖苦味或不良气味　　　　　　　　D. 防潮、避光、隔离空气以增加药物的稳定性

E. 防止松片现象

（2）在包薄膜衣的过程中，除了各类薄膜衣材料以外，尚需加入的辅助性物料有（　　　　）。

A. 增塑剂　　　　　B. 遮光剂　　　　　C. 色素　　　　　D. 溶剂　　　　E. 保湿剂

3. 简答题

（1）包肠溶衣过程中容易出现的问题和处理方法有哪些？

（2）包衣过程中设备出现如下现象，请分析故障原因和处理方法。

故障内容	故障原因	处理方法
进风温度低报警		
排风变频器故障		
片床温度异常		
热风风量异常		
湿度传感器故障		
无压缩空气		
净化效果差		
热交换效能差		

（三）岗位技能考核（见表2-5-3）

包衣岗位综合考核等级：优□　　良□　　　　合格□

模块三 >>>
药品的质量检验

概述

　　药品质量检验工作是药品质量控制的重要组成部分，在药品的研究、生产、贮存、流通、使用、监督等环节都需要对药品质量进行检测和把关。药品质量检验工作的程序一般分为检品的登记、取样、分样、留样、药品的质量检验、检验结果的评价、检验报告的填写和审签、检验报告的发出。在此过程中，影响检验结果的因素有很多，如人员的技术水平、仪器设备和设施条件、检验方法和标准、标准品和对照品质量等，为确保检验数据和检验结论的准确、公正，应对药品检验过程进行标准化、规范化和科学化的管理，需要制定标准操作规程（SOP），培训检验人员，如实、完整地做好检验记录，出具相应的检验报告。在药品质量检验工作中，首先需要明确药品执行的质量标准，然后根据检验项目的操作规程进行分析检验，药典就是在药品研制、生产、经营、使用和监督管理等过程中均应遵循的法定依据，2020 年版《中华人民共和国药典》（简称《中国药典》）于 2020 年 12 月 30 日起正式实施，是目前我国保证药品质量的最高层级法典。

　　为了规范药品生产过程管理，保证药品质量，根据《中华人民共和国药品管理法》《中华人民共和国药品管理法实施条例》，国家制定了《药品生产质量管理规范》（Good Manufacture Practice of Medical Products，GMP）。企业必须建立以 GMP 为核心的质量管理体系，并不断完善和改进，建立完整的文件体系和管理组织架构，以保证系统有效运行。在药品生产企业中，QC（Quality Control，质量控制）和 QA（Quality Assurance，质量保证）就是企业设置的独立于生产的质量管理部门，负责药品生产全过程的质量监督。QC 下设岗位一般有：取样岗位、留样和分样岗位、理化检测岗位、仪器分析检测岗位、微生物及生物检定岗位等，负责原辅料、包装材料、中间体、工艺用水（气、汽）和成品的质量检验、检验分析的方法学验证、检验偏差调查、法定留样及产品的稳定性考察、退货的质量鉴定工作等。QA 主要职责是保证质量管理体系的运行和药品各项法规政策在企业的贯彻执行，负责质量风险管理、文件管理、物料与放行管理、生产和检验过程质量监督管理、成品放行审核、偏差与变更管理、纠正预防措施、确认与验证管理、供应商管理、产品质量回顾与产品档案管理、投诉与召回管理、自检等工作。企业通过质量管理部门（QC 和 QA）推动企业质量管理体系运行，保证药品质量。

　　随着药品上市持有人主体责任落实和《药物警戒质量管理规范》的执行（2021 年 12 月 1 日），企业还需要建立药物警戒质量管理体系，开展药品不良反应的监测、识别、收集、评估和控制，保证药品上市后的使用安全。

岗位一
取样与抽样

一、岗位概述

取样是指从总体中抽取个体或样品的过程，是药品质量检验的起始环节，取样的代表性和规范性是取样操作的核心。在原料、辅料、包装材料进厂以及中间体控制、稳定性考察、批产品质量检验、工艺与设备验证等药品质量控制或验证环节中，均需采集与产品质量相关的生产物料、生产中间产品、包装材料、纯化水（或注射用水、水蒸气）等物料。取样人员需要经过培训并获得资格，必须严格遵循各物料取样的操作规程，包括取样前准备、取样、取样后物料包装恢复、清洁等环节。取样过程需要使用合适的取样器具在规定的采样场所及环境（取样间）中进行取样，取样过程不得造成污染或混淆，要有完备的记录和台账，记录至少包括取样日期、品名、批号、取样人，并在取样时贴上正确样品标签。取样完成后必须按照操作要求恢复物料包装，不能影响物料的贮存和使用。

二、岗位任务与要求

岗位任务与要求见表 3-1-1。

表 3-1-1　取样岗位任务与能力素质要求

岗位任务	能力素质要求
取样前准备	1. 掌握取样原则,具备根据检品规格、数量等信息计算取样单元数的能力; 2. 能够根据取样物料性质准备相适应、完备的取样工具; 3. 能够判断取样工具的清洁状态
现场核对	1. 能够核对物料是否处于待检状态,能够核对物料包装的完整性; 2. 具备核对请验单和实物标记是否相符的能力; 3. 能够判断取样的环境是否符合取样操作环境的洁净级别要求
取样	能够按取样原则确定合理的具有代表性的抽样件数和取样数量
取样结束	1. 具备填写取样记录、封好并标记已取样品的能力; 2. 具备取样后恢复物料包装、粘贴取样证的操作意识和能力; 3. 具备防止因取样操作造成物料污染和交叉污染的意识; 4. 能够按规定清洁取样现场,具备清洗、干燥和贮存取样工具的意识和方法

三、岗位操作要求

岗位操作要求见表 3-1-2。

表 3-1-2　取样岗位操作要求

操作	操作过程控制
取样前准备	1. 根据请验单的品名、规格、数量按照取样原则计算取样样本数和取样量,取样量至少为一次全检量的 3 倍
	2. 准备清洁、干燥的取样器、盛样器和辅助工具(必要时经灭菌或除热源处理),前往规定地点取样
取样现场核对	1. 核对物料状态标识,物料应置待验区,有黄色待验标记
	2. 请验单内容与实物标签应相符,核对内容有品名、批号、数量、规格、产地、来源,标记清楚、完整(索取物料出厂检验报告单),进口原辅料应有口岸药检所的检验报告单
	3. 核对外包装的完整性,无破损、无污染,密闭。如有铅封,扎印必须清楚,无启动痕迹
	4. 现场核对时如不符合要求应拒绝取样,向请验部门询问清楚有关情况,并将情况报质管部负责人
取样	1. 清洁外包装,移至取样室内,按取样原则随机抽取规定的样本件数
	2. 取样完毕后,将物料原包装封口,进行封签并做好标记,每一包装上贴上取样证
	3. 填写取样记录
	4. 协助请验部门将样品包件送回库内待验区
	5. 按规定程序清洁取样室,清洁、干燥和贮存取样器具,清洁取样工作服

四、岗位操作与记录

岗位操作与记录见表 3-1-3。

表 3-1-3　原辅料取样记录

物料名称		物料供应商		厂家批号		入厂批号	
物料总件数		物料批量		规格		取样件数	
取样量		取样人		样品分类:中药材□　原料□　辅料□ 中药饮片□			
取样方法	与文件要求规定是否一致:是□　否□			取样时间:　　年　　月　　日			
序号	内容						
1	取样前物料核对						
	(1)请检物料名称、包装规格、批号、数量、来源等与实物一致性:一致□　不一致□						
	(2)原辅料、包装材料核对每一个容器标签一致性:一致□　不一致□						
	(3)物料存储条件的符合性:符合要求□　不符合要求□						
2	取样地点:取样间□　　　车间□　　　仓库□						
3	取样目的:物料批放行检测□　供应商筛选小试检测口□　其他_____						
4	取样资料:供应商出厂报告□　物料请验单□　原辅料入库验收记录□　其他_____						
5	内包装						
	(1)有□(玻璃瓶□　塑料瓶□　塑料桶□　药用塑料桶□　铁通□　铝箔袋□其他____)无□						
	(2)包装完整性、封口严密性:符合要求□　不符合要求□						
6	外包装						
	(1)有□(铁桶□　不锈钢桶□　塑料桶□　玻璃瓶□　纸箱□　纸桶□　药用塑料袋□ 铝箔袋□　其他_____)无□						
	(2)包装完整性、封口严密性:符合要求□　不符合要求□						
7	取样器具						
	(1)取样工具:不锈钢勺□　牛角勺□　插入式不锈钢取样枪口□　不锈钢探子□ 移液管□　吸管□　其他_____						
	(2)样品包装容器:药用自封袋□　铝箔袋□　具塞锥形瓶□　其他_____						
	(3)辅助工具:剪刀□　其他_____						
	(4)取样工具的清洁、消毒和灭菌　　　符合要求□　不符合要求□ 要求:洁净、干燥□　无菌□　无热源□						
异常(突发)情况记录及处理:无异常□　异常情况□_____　记录人:_____							
考核等级:优□　良□　合格□　　　岗位操作考核人:_____							

五、知识链接

抽样规则：药品抽样的原则要体现科学性、规范性、合法性、公正性与代表性。药品生产企业工艺用水、中间体和成品取样，以及验证过程取样要考虑物料、中间体状态与操作便利性，或基于风险评估，取样方法和形式往往不同于原辅包，比如在生产过程的前、中、后取样，容器的上、中、下取样，工艺用水在各个用水点取样，注射剂产品在灭菌柜最冷点取样等。取样操作可以在不同文件中体现，如体现在工艺规程、验证方案、岗位 SOP 等文件中，但必须有书面明确规定。取样操作必须经过培训，根据取样对象是否具有均质性，取样方法会有差异。通常要根据样品特性先确定抽样单元数（n）、抽样方法，选择适宜取样工具，使用简单随机方法确定抽样批及制作最终样品。均质性样品或正常非均质性原料药的具体抽样方法请扫二维码 SP3-1 通过微课继续学习。

SP3-1 抽样
规则

六、岗位综合能力考核

（一）岗位素养考核

1. 基本要求

（1）着装符合要求： 　工作服□　　运动鞋□　　长发扎起□
不嬉戏打闹□

（2）严谨认真的科学态度： 　实训期间严肃认真□　　正确书写取样记录□

（3）安全意识、劳动素养： 　操作规范□　　正确清洁、干燥和贮存取样器具□　　操作区整洁□

2. 案例分析

某批成品药物共 220 件，每件内含 24 盒，请问该如何确定取样方案？

（二）岗位知识考核

1. 单项选择题

（1）适合固体原料药取样的工具是（　　　）。

A. 抽样棒　　　B. 吸管　　　C. 量筒　　　D. 小型天平　　　E. 量杯

（2）物料处于待检区时，待检标记颜色是（　　　）。

A. 蓝色　　　B. 绿色　　　C. 黄色　　　D. 红色　　　E. 黑色

（3）取样量至少为一次全检量的（　　　）。

A. 2 倍　　　B. 1 倍　　　C. 4 倍　　　D. 5 倍　　　E. 3 倍

2. 简答题

（1）写出两种常见固体样品抽样工具。

（2）写出取样现场需核对的内容。

（3）写出取样原则中的简单随机方法。

（三）岗位技能考核（见表 3-1-3）

取样岗位综合考核等级：优□　　　良□　　　合格□

岗位二

分样与留样

一、岗位概述

分样是指取样人员取样完成后，与QC分样人员进行样品交接，核对样品信息和样品包装状态，填写样品接收记录或台账，按照质量标准检验项目将样品分发至检验岗位，并填写分样记录或台账。GMP明确要求制剂产品以及生产用每批原辅料和与药品直接接触的包装材料均应当留样。留样的目的是保证可追溯性，一旦产品在上市后出现问题，企业能够通过留样分析判断问题出现在生产环节还是贮存、运输环节。如果在生产环节出现问题，则原辅料和内包材的留样可以帮助企业从物料角度查找分析可能产生的原因，原料药生产所用的起始物料、对原料药质量有直接或间接影响的关键物料均应当按操作规程要求进行留样，在规定贮存条件下保存，制剂产品还需定期留样观察，过期留样应在规定情况下使用或销毁。分样与留样均需要设立台账或记录，以便追溯。

二、岗位任务与要求

岗位任务与要求见表3-2-1。

表3-2-1　分样与留样岗位任务与能力要求

岗位操作	岗位任务	能力素质要求
分样	交接样品	1. 具备核对请验单和样品实物标记是否相符的意识和能力，能够与取样人员正确交接样品，填写交接记录； 2. 能够掌握分样原则，正确填写分样记录； 3. 明确样品的保存要求，避免偏离物料或产品的贮存条件； 4. 能够正确收集检验剩余物料，按要求进行留样和废弃物料的处理
	分样	
	与质量检验人员交接	
留样	留样交接与记录	1. 能够正确交接留样样品，填写交接记录(如果需要交接)； 2. 能够明确留样数量及留样标识完整清晰，正确填写留样台账； 3. 能够按照留样样品的品种、分类、时间，按顺序放置于专用留样室和留样柜中，并更新信息标识； 4. 明确留样室的环境控制要求，按照规程确认和记录温、湿度； 5. 能够正确按照规章完成留样的观察、使用和销毁
	留样保存	
	留样使用、观察与销毁	

三、岗位操作要求

岗位操作要求见表3-2-2。

表 3-2-2 分样与留样岗位操作要求

操作	操作过程控制
分样	1. 取样人员与分样人员交接物料或产品,填写交接记录
	2. 分样人员确认物料或产品信息,根据分样原则,交给相应质量检验人员,填写分样记录
	3. 检验结束后,收集检验剩余物料,按照要求留样和对废弃物料进行处理
留样	1. 留样数量正确,留样标识完整清晰,正确填写留样台账
	2. 按照留样样品的品种、分类、时间,按顺序放置于专用留样室和留样柜、架中,设置留样标识和清单,并及时更新标识
	3. 按照规程观察、确认和记录留样室的环境要求,应与样品品种贮存要求相符,如温、湿度
	4. 成品留样观察一般不破坏包装完整性,特殊情况需要破坏包装的要做好记录,已破坏包装的样品不再继续留样。一般情况下每一季度进行一次目检,填写观察记录
	5. 留样观察中发现样品出现异常,报告上级和 QA 人员,并如实记录,及时启动原因分析或偏差调查及处理
	6. 过期留样及时清理,应按留样销毁制度予以销毁

笔记

四、岗位操作与记录

岗位操作与记录见表 3-2-3。

表 3-2-3 成品留样记录

品　名			批　号			规　格		
留样数量			有效期至			贮存条件		
贮存位置			登记人/日期			判断标准		
留样发放人及发放日期	发放数量	剩余数量	留样用途		接收人及日期	结　　论		
						包装完好符合要求　□内容物符合要求□ 存在异常□＿＿＿＿＿＿		
						包装完好符合要求□　内容物符合要求□ 存在异常□＿＿＿＿＿＿		
						包装完好符合要求□　内容物符合要求□ 存在异常□＿＿＿＿＿＿		
						包装完好符合要求□　内容物符合要求□ 存在异常□＿＿＿＿＿＿		
异常(突发)情况记录及处理：无异常□　异常情况□＿＿＿＿＿＿　　记录人：＿＿＿＿＿＿＿＿＿＿								
考核等级：优□ 良□ 合格□　　　　　岗位操作考核人：＿＿＿＿＿＿								

五、知识链接

1. 十字四分法分样

将样品混合，在相应级别的环境下（如超净台、生物安全柜等）平铺，画十字，取对角的物料混合，平铺再画十字，取对角物料混合，将物料分为四份。

2. 留样要求

制剂生产用每批原辅料和与药品直接接触的包装材料均应当有留样，除稳定性较差的原辅料外，留样应当至少保存至产品放行后两年，成品留样均应保存至药品有效期后一年，购入的原辅包留样保存至使用该物料最后一批成品的药品有效期后一年，中间体留样保存至成品放行。如果物料的有效期较短，则留样时间可相应缩短；与药品直接接触的包装材料（如输液瓶），如成品已有留样，可不必单独留样。物料的留样量应当至少满足鉴别的需要，且应当按照规定的条件贮存，必要时还应当适当包装密封。成品留样的包装形式应与市场销售的最小包装相同，原料药采用模拟包装，辅料与药品直接接触的包装材料和中间产品采用锁口袋或试剂瓶封口保存。留样应根据其性质特点分类、分品种，按检验合格的时间顺序存放在专用留样柜中，每个留样柜中的品种、批号应有明显标识，易于识别，便于发现问题时核对。留样要求示意图见图3-2-1。

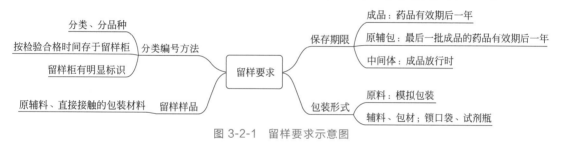

图 3-2-1　留样要求示意图

3. 留样异常处理

当留样样品出现异常时，留样观察人员应及时向 QA 人员进行汇报，QA 人员总结情况

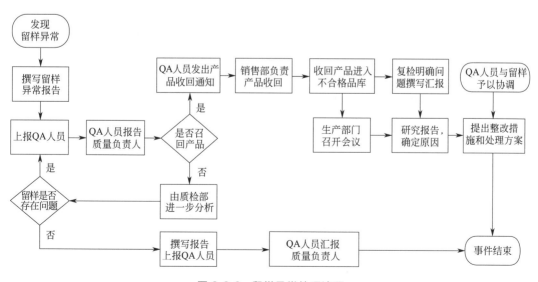

图 3-2-2　留样异常处理流程

后随即上报至质量负责人，并由质量负责人做出是否收回产品的决定。收回的产品进入不合格品库，质管部进行分析后确认异常状况，并组织生产部门研究异常情况的产生原因，提出整改措施和意见。留样异常处理流程见图 3-2-2。

4. 留样销毁

过期留样样品是指经本单位留样室保存的药品、辅料和包装材料等物料，经留样记录确认保存时间已经超过该品种规定的保存期限。过期留样样品要专人专账管理，账卡登记准确，保证账货相符；应专区贮存，并要有明显标志。为了完善过期留样药品管理制度和库房的清理管理需要以及防止留样流失导致安全事故，根据《药品经营质量管理规范》等有关规定，按下列要求进行过期留样的销毁处理：

（1）留样管理员应提交过期留样销毁申请表；

（2）质量管理员清点品种和数量，质量主管批准；

（3）按规定将过期留样销毁处理或集中运送至有资质的单位进行销毁处理；

（4）销毁要在单位安全保卫负责人、质量管理员、留样管理员共同监督下进行；

（5）销毁处理时要考虑防止环境污染，远离市区及人口居住区和风、水上游；

（6）待销毁药品需分类销毁，普通药品采取捣碎、焚毁、深埋等不留后患的有效措施进行销毁，生物制品必须灭活处理，抗生素和化疗药品要在安全环境下破坏原最小包装后密封交专业医疗垃圾处理公司处理；

（7）销毁后，主管领导、质量管理负责人、保管负责人共同在销毁表上签字，凭销毁表销账、归档；

（8）报废药品的账目、单据，销毁表保存五年。

六、岗位综合能力考核

（一）岗位素养考核

基本要求

（1）着装符合要求：　　　　工作服□　　　运动鞋□　　　长发扎起□

（2）严谨认真的科学态度：实训期间严肃认真□正确书写留样记录□　　不嬉戏打闹□

（3）安全意识、劳动素养：操作规范□　　　　操作区整洁□

（二）岗位知识考核

1. 填空题

（1）留样使用的包装要求是：成品，_____；原料药，_____；辅料与药品直接接触包材，_____。

（2）留样保存环境应_____。

（3）留样的目的是能够有_____，一旦产品出现问题，企业能够从_____角度查找分析可能产生的原因。

（4）成品留样均应保存至药品有效期后_____。

2. 简答题

（1）物料一般在取样环节分样，如何使用四分法将物料混合均分？

（2）在阿司匹林肠溶片生产中有哪些物料需要留样？

（3）当发现留样异常时，应向何处汇报？留样在进行销毁时，需在哪些部门人员监督下进行？

（三）岗位技能考核（见表3-2-3）

分样与留样岗位综合考核等级：优□　　良□　　　合格□

岗位三

理化检测

一、岗位概述

进厂物料（原辅包）、生产过程的中间体、出厂产品需要按照企业批准的相应质量标准规定的检验项目进行检验工作，稳定性考察样品需要按照经批准的稳定性考察方案规定的检验项目开展检验。一般不同物料、中间体、成品质量标准中包含的理化检验内容不同，完整的药品质量标准一般包括【性状】、【鉴别】、【检查】、【含量测定】、【规格】、【贮藏】等。【性状】一般为外观颜色、溶解度等，【鉴别】一般为理化鉴别（中药含薄层鉴别），【检查】内容一般有氯化物、硫酸盐、重金属、溶液颜色和澄清度、可见异物、炽灼残渣、重量差异、崩解时限、释放度、有关物质等，【含量测定】普遍采用高效液相色谱法。在检验过程中确保严格按质量标准和检验操作规程进行检验，并确保检验数据准确、可靠，及时填写检验记录，准确出具检验报告，出现异常情况及时如实报告，并配合超出质量标准的结果（OOS）或超出检验结果趋势（OOT）调查。数据可靠性是药品检验的管理重点。

二、岗位任务与要求

岗位任务与要求见表 3-3-1。

表 3-3-1　理化检测岗位任务及能力素质要求

岗位任务	能力素质要求
按照相应质量标准和检验 SOP 进行进厂物料、中间体、产品等理化项目检验	1. 具备正确理解质量标准和检验 SOP 内容的能力； 2. 熟悉药典凡例和理化检验的基本操作规范； 3. 严格按照质量标准和检验 SOP 进行操作（不得擅自
如实填写检验原始记录	改变操作，发现问题反馈上级）； 4. 具备检验仪器、设备需经校验或验证确认后方能使
出具检验报告	用的意识；
OOS 或 OOT 的识别与反馈，并配合调查	5. 能够完整、准确书写检验原始记录,确保检验数据真实、准确、可靠,具备科学严谨的职业道德和素养；
遵守实验室各项管理要求	6. 具备出现异常情况及时上报的职业警觉性,能配合 OOS 或 OOT 调查

三、岗位检验任务

理化检测岗位主要是用物理、化学分析方法对进厂物料、中间体、产品等进行质量检验，确认其质量是否符合既定标准要求。依据《中国药典》（2020 版），阿司匹林原料药及其肠溶片中理化检测项目及方法导图见图 3-3-1。

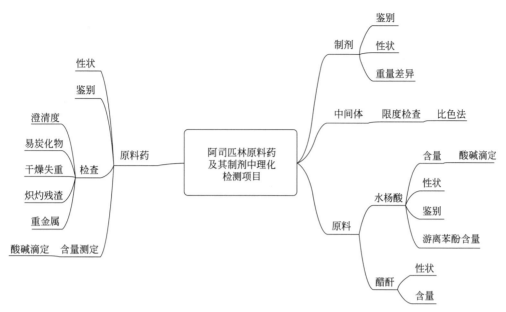

图 3-3-1　阿司匹林生产过程中理化检测项目及方法导图

四、岗位检验原始记录及检验报告

1. 检验原始记录

检验原始记录（简称为检验记录）是检验人员对其检验工作的全面记载，是出具检验报告的依据，也是进行科学研究和技术总结的原始资料。检验原始记录要记载检验过程的一切原始数据和现象，一般包括检品的名称、来源、数量、批号、检验日期、检验依据、检验操作过程数据和计量单位、演算过程、结论以及图谱、检验环境温湿度、使用检验仪器、对照品信息等，还包括检验人员和复核人员签字或盖章等内容。检验原始记录必须做到数据真实、结论明确、内容完整、书写清晰、格式规范，确保其原始、正确、可靠、严谨和全面。检验人员必须本着严肃负责的态度，根据检验情况，认真、如实地填写检验原始记录。阿司匹林合成原料水杨酸理化检验项目的原始记录见表 3-3-2，醋酐理化检验项目的原始记录见表 3-3-3，原料药理化检验项目的原始记录见表 3-3-4，阿司匹林肠溶片理化检验项目的原始记录见表 3-3-5。

表 3-3-2　水杨酸理化项目检验原始记录

产品名称	水杨酸	批　　量		
来　源		检验日期	年　　月　　日	
批　号		报告日期	年　　月　　日	
温　度/℃		湿　度/%		
检验依据	按《中国药典》　年版　部	有效期至	年　　月　　日	

【性状】

本品为＿＿＿＿＿＿＿＿粉末;气味＿＿＿＿＿＿＿＿;水溶液显＿＿＿＿＿反应。

符合规定□　不符合规定□

检验人及日期：＿＿＿＿＿＿＿　复核人及日期：＿＿＿＿＿＿＿

【鉴别】

取本品的水溶液,加三氯化铁试液 1 滴,即显＿＿＿＿＿色。

符合规定□不符合规定□

检验人及日期：＿＿＿＿＿＿＿　复核人及日期：＿＿＿＿＿＿＿

【含量】

称取水杨酸试样 0.5g(精确至 0.0002g),放入 150mL 锥形瓶中,加入乙醇 13mL,使其完全溶解后加纯水 12mL,酚酞指示液 3 滴,用 0.1mol/L 氢氧化钠标准溶液滴定至出现微红色为终点。在同样条件下做一空白试验。每 1mL 0.1mol/L 氢氧化钠标准溶液相当于 0.01381g 的水杨酸。

天平编号：　　　　　　　滴定管编号：

①样品称取量 $S(g)$：＿＿＿＿；滴定管读数(mL)：$V_初$＿＿＿＿,$V_终$＿＿＿＿,$V_样＝V_终－V_初＝$＿＿＿＿；空白试验滴定管读数(mL)：$V_初$＿＿＿＿,$V_终$＿＿＿＿,$V_空白＝V_终－V_初＝$＿＿＿＿。

$$含量(\%) = \frac{(V_样 - V_空白) \times T \times \frac{c}{0.1}}{S} \times 100\% = \frac{(\underline{\quad} - \underline{\quad}) \times 0.01381 \times \overline{\overline{0.1}}}{\underline{\quad}} \times 100\% = \underline{\quad}\%$$

②样品称取量 $S(g)$：＿＿＿＿；滴定管读数(mL)：$V_初$＿＿＿＿,$V_终$＿＿＿＿,$V_样＝V_终－V_初＝$＿＿＿＿；空白试验滴定管读数(mL)：$V_初$＿＿＿＿,$V_终$＿＿＿＿,$V_空白＝V_终－V_初＝$＿＿＿＿。

含量（%）＝ $\dfrac{(V_样-V_{空白})\times T\times \dfrac{c}{0.1}}{S}\times 100\%$ ＝ $\dfrac{(\quad-\quad)\times 0.01381\times\overline{\overline{0.1}}}{\overline{\quad\quad}}\times 100\%$ ＝

___%

两次含量均值为：_____%。

符合规定□　不符合规定□

检验人及日期：_____	复核人及日期：_____

【游离苯酚含量】

　　准确称取升华水杨酸试样 0.1000g 于 25mL 刻度磨口比色管中，加乙醇 2mL 溶解后，再加 0.5mol/L 氢氧化钠标准溶液 1.4mL、氨-氯化铵缓冲溶液 2mL，然后用适量纯水稀释至与标准比色管体积相同，加 2%4-氨基安替比林溶液 10 滴，摇匀后加 8%铁氰化钾溶液 5 滴，摇匀，如显红色，与同法操作的标准酚结果比较。

　　另准确称取不含苯酚的水杨酸 0.1000g 于 25mL 刻度磨口比色管中，加乙醇 2mL 溶解后，再加 0.5mol/L 氢氧化钠标准溶液 1.4mL，加适量标准酚（0.01%），然后加氨-氯化铵缓冲溶液 2mL、2%4-氨基安替比林 10 滴，摇匀，加铁氰化钾溶液 5 滴，摇匀，即为标准液。

　　注：（1）氨-氯化铵缓冲溶液的制备：称取 20g 氯化铵，溶于 200mL 水中，加氨水 72mL，用水稀释至 1000mL。

　　（2）4-氨基安替比林溶液：2%水溶液使用期限为 7 天。

供试液显色结果为：_____。

如显色，与标准液比较，颜色更_____。

符合规定□　不符合规定□

检验人及日期：_____	复核人及日期：_____

异常（突发）情况记录及处理：无异常□　异常情况□_____　　记录人：_____

　　　　考核等级：优□　良□　合格□　　　　　　　岗位操作考核人：_____

表 3-3-3　醋酐理化项目检验原始记录

产品名称	醋酐	批　　量			
来　　源		检验日期	年	月	日
批　　号		报告日期	年	月	日
温　度/℃		湿　度/%			
检验依据	按《中国药典》　　年版　　部	有效期至	年	月	日

【性状】

本品为_____液体，色度与铂-钴色号 25 号相比，_____。

符合规定□　不符合规定□

检验人及日期：_____	复核人及日期：_____

【含量】

　　第一步：精密称取约 1g 样品，注入盛有 25mL 0.5mol/L 氢氧化钠滴定液的锥形瓶中，盖上瓶塞静置 1h，加 20mL 环己烷、5mL 苯胺和 50mL 甲醇，加 0.5mL 酚酞作指示剂，用 0.5mol/L 盐酸滴定液滴定剩余的氢氧化钠至粉红色刚好消失，同时做空白试验。

　　第二步：精密称取约 1g 样品，注入盛有 10mL 环己烷的锥形瓶中，盖上瓶塞置于冰浴中。加入冷却的 5mL 苯胺和 10mL 环己烷，盖上瓶塞，在冰浴中静置 1h，加入 50mL 甲醇、25mL 0.5mol/L 氢氧化钠滴定液及 0.5mL 酚酞，用 0.5mol/L 盐酸滴定液滴定剩余的氢氧化钠，至粉红色刚好消失,同时做空白试验。每 1mL 0.5mol/L 盐酸滴定液相当于 51.05mg 的醋酐。

天平编号：＿＿＿＿＿＿　　　　　　滴定管编号：＿＿＿＿＿＿

盐酸滴定液浓度 c 为＿＿＿＿＿＿＿mol/L(四位有效数字)。

第一步：

样品称取量 W_1(g)：＿＿＿＿＿；滴定管读数(mL)：$V_初$＿＿＿，$V_终$＿＿＿，$V_1 = V_终 - V_初 = $＿＿＿＿＿；空白试验滴定管读数(mL)：$V_初$＿＿＿＿＿，$V_终$＿＿＿＿＿，$V_{1空} = V_终 - V_初 = $＿＿＿＿＿。

第一次比例值(%) $= \dfrac{(V_{1空} - V_1) \times T \times \dfrac{c_{HCl}}{0.5}}{W_1} \times 100\% = \dfrac{(\underline{\quad} - \underline{\quad}) \times 0.05105 \times \dfrac{\underline{\quad}}{0.5}}{\underline{\quad} \times 1000} \times$

$100\% = $＿＿＿＿＿

第二步：

样品称取量 W_2(g)：＿＿＿＿＿；滴定管读数(mL)：$V_初$＿＿＿，$V_终$＿＿＿，$V_2 = V_终 - V_初 = $＿＿＿＿＿；空白试验滴定管读数(mL)：$V_初$＿＿＿，$V_终$＿＿＿，$V_{2空} = V_终 - V_初 = $＿＿＿＿＿。

第二次比例值(%) $= \dfrac{(V_{2空} - V_2) \times T \times \dfrac{c_{HCl}}{0.5}}{W_2} \times 100\% = \dfrac{(\underline{\quad} - \underline{\quad}) \times 0.05105 \times \dfrac{\underline{\quad}}{0.5}}{\underline{\quad} \times 1000} \times$

$100\% = $＿＿＿＿＿

最终含量(%)＝第一次比例值(%)－第二次比例值(%)＝＿＿＿＿＿－＿＿＿＿＿＝＿＿＿＿＿

符合规定□　不符合规定□

检验人及日期：＿＿＿＿＿＿＿＿	复核人及日期：＿＿＿＿＿＿＿＿

异常(突发)情况记录及处理：无异常□　异常情况□＿＿＿＿＿＿　记录人：＿＿＿＿＿＿＿＿＿

考核等级：优□ 良□ 合格□　　　　　　　岗位操作考核人：＿＿＿＿＿＿＿

表 3-3-4　阿司匹林原料药理化检验项目原始记录

产品名称	阿司匹林原料药	批　　量			
来　　源		检验日期	年	月	日
批　　号		报告日期	年	月	日
温　度/℃		湿　度/%			
检验依据	按《中国药典》　年版　部	有效期至	年	月	日

【性状】

称取样品适量(约 1g),目视观察,本品颜色为：＿＿＿＿＿＿＿＿＿＿＿＿；本品固体是否呈现结晶：＿＿＿＿＿＿＿＿＿。

将上述样品置于鼻孔前下方约 0.5m 处,用手轻轻扇动,使极少量气体飘入鼻孔,闻到的气味为＿＿＿＿＿＿＿＿＿＿＿。

符合规定□　不符合规定□

检验人及日期：＿＿＿＿＿＿＿＿	复核人及日期：＿＿＿＿＿＿＿＿

【鉴别】

1. 取本品约 0.1g(±10%),加水 10mL,煮沸,放冷,加三氯化铁试液 1 滴,显色结果为_____。

2. 取本品约 0.5g(±10%),加碳酸钠试液 10mL,煮沸 2min 后,放冷,加过量的稀硫酸,记录现象。

(1)是否析出固体以及固体颜色:_____。

(2)是否有醋酸气味气体生成:_____。

符合规定□ 不符合规定□

检验人及日期:_____ 复核人及日期:_____

【检查】

1. 溶液的澄清度

取本品 0.50g,加温热至约 45℃的碳酸钠试液 10mL 溶解后,溶液_____。

符合规定□ 不符合规定□

检验人及日期:_____ 复核人及日期:_____

2. 易炭化物

取两支内径一致的比色管,甲管加入硫酸(含 H_2SO_4 94.5%～95.5%)5mL 后,分次缓缓加入 0.5g 供试品,振摇,使溶解;乙管中加入对照液(取比色用氯化钴溶液 0.25mL、比色用重铬酸钾溶液 0.25mL、比色用硫酸铜溶液 0.40mL,加水使成 5mL)。

两管静置 15min 后,将甲、乙两管同置于白色背景前,平视观察。

供试液(甲管)与对照液(乙管)相比,供试液颜色_____于对照液。(浅/深/相同)

符合规定□ 不符合规定□

检验人及日期:_____ 复核人及日期:_____

3. 干燥失重

取一扁形称量瓶,于 105℃干燥至恒重,其质量为 $w_1=$ _____g。

取本品适量,混合均匀(如有较大结晶,迅速研细为 2mm 以下的小粒),取约 1g 粉末,平铺于恒重后的扁形称量瓶的底部(厚度不超过 5mm),精密称定,其质量 $w_2=$ _____g。

将称量瓶打开,瓶盖取下放于瓶身旁边,放于烘箱中,于 105℃干燥至恒重。恒重后质量 $w_3=$ _____g。

减失重量比例(%)$=\dfrac{w_2-w_3}{w_2-w_1}\times100\%=$ _____%

符合规定□ 不符合规定□

检验人及日期:_____ 复核人及日期:_____

4. 炽灼残渣

取本品约 1.0g,精密称定,其质量 $w_1=$ _____g,随后将本品置于已炽灼至恒重的坩埚中,精密称定,其质量 $w_2=$ _____g;缓缓炽灼至完全碳化,放冷。加硫酸 0.5mL 使湿润,低温加热至硫酸蒸气除尽后,在 700～800℃炽灼使完全灰化,移置于干燥器内,放冷,再在 700～800℃炽灼至恒重,其质量 $w_3=$ _____g。

$$残渣比例(\%)=\frac{w_3-(w_2-w_1)}{w_1}\times100\%=\underline{\hspace{3cm}}\%$$

符合规定□　不符合规定□

检验人及日期：_____　复核人及日期：_____

5. 重金属

（1）试液配制

①标准铅溶液：称取硝酸铅0.1599g，置1000mL量瓶中，加硝酸5mL与水50mL溶解后，用水稀释至刻度，摇匀，作为贮备液。精密量取贮备液10mL，置100mL量瓶中，加水稀释至刻度，摇匀，即得（每1mL相当10μg的Pb）。本液仅供当日使用。

②供试液：取本品1.0g，加乙醇23mL溶解后，加醋酸盐缓冲液（pH3.5）2mL，即得。

（2）测试方法：取25mL纳氏比色管三支。甲管中加标准铅溶液1mL与醋酸盐缓冲液（pH3.5）2mL后，加乙醇稀释成25mL。乙管中加入供试品溶液25mL。丙管中加入本品1g，加乙醇10mL使样品溶解，再加入1mL标准铅溶液与醋酸盐缓冲液（pH3.5）2mL后，用乙醇溶剂稀释成25mL。

在甲、乙、丙三管中分别加硫代乙酰胺试液各2mL，摇匀，放置2min，同置白纸上，自上向下透视，当丙管中显出的颜色不浅于甲管时，乙管中显示的颜色与甲管比较，不得更深。（如丙管中显出的颜色浅于甲管，应取样按《中国药典》重金属检查第二法重新检查，以防止供试品中存在能够和铅离子发生络合效应的有机基团，从而导致游离铅离子浓度下降，使得显色结果偏浅，结果不准确。）

（3）实验结果

①丙管颜色是否不浅于甲管颜色：_____。

②乙管颜色是否不深于甲管颜色：_____。

符合规定□　不符合规定□

检验人及日期：_____　复核人及日期：_____

【含量测定】

取本品约0.40g，精密称定，加中性乙醇溶液（对酚酞指示液显中性）20mL溶解后，加酚酞指示液3滴，用氢氧化钠滴定液（0.1mol/L）滴定。每1mL氢氧化钠滴定液（0.1mol/L）相当于18.02mg的$C_9H_8O_4$。

天平编号：_____；滴定管编号：_____；氢氧化钠滴定液的浓度为$c=$_____ mol/L。

第一次实验：本品称取量为$w_1=$_____g；滴定液消耗体积$V_初=$_____mL，$V_终=$_____mL，$V_1=V_终-V_初=$_____mL。

$$第一次含量(\%)=\frac{V_1\times18.02\times\dfrac{c}{0.1}}{w_1\times1000}=\underline{\hspace{3cm}}\%$$

第二次实验：本品称取量为$w_2=$_____g；滴定液消耗体积$V_初=$_____mL，$V_终=$_____mL，$V_2=V_终-V_初=$_____mL。

$$第二次含量(\%)=\dfrac{V_2\times18.02\times\dfrac{c}{0.1}}{w_2\times1000}=\underline{\hspace{3cm}}\%$$

两次平均含量(%)=_____%

符合规定□　不符合规定□

检验人及日期:_____	复核人及日期:_____
异常(突发)情况记录及处理:无异常□　异常情况□_____	记录人:_____
考核等级:优□ 良□ 合格□	岗位操作考核人:_____

表 3-3-5　阿司匹林肠溶片理化检验原始记录

产品名称	阿司匹林肠溶片	批　　量		
来　　源		检验日期	年	月	日
批　　号		报告日期	年	月	日
温度/℃		湿　度/%		
检验依据	按《中国药典》　　年版　部	有效期至	年	月	日

【性状】

本品为_____片,除去包衣后显____色。

符合规定□　不符合规定□

检验人及日期:_____	复核人及日期:_____

【鉴别】

取本品的细粉_____g(约相当于阿司匹林 0.1g),加水 10mL,煮沸,放冷,加三氯化铁试液 1 滴,显_____色。

符合规定□　不符合规定□

检验人及日期:_____	复核人及日期:_____

【重量差异】

使用仪器:电子天平_____,编号为_____。

测定:取供试品 20 片,依法检查。规格:0.5g。

取供试品 20 片,精密称定总重量,求得平均片重后,再分别精密称定每片的重量,每片重量与平均片重进行比较。

20 片总质量 $w=$_____g;20 片平均质量 $\bar{w}=$_____g。

用下列公式计算每片片重与平均片重的差异比例,其中 w_i 为每片片重。

$$差异\%=\dfrac{|w_i-\bar{w}|}{\bar{w}}\times100\%$$

将数据与结果填入下表,对于有差异超过限度的药片,画"○"进行标记。

编号	W_i/g	差异/%	差异超过 ±5%	差异超过 ±10%	编号	W_i/g	差异/%	差异超过 ±5%	差异超过 ±10%
1					11				
2					12				
3					13				
4					14				
5					15				
6					16				
7					17				
8					18				
9					19				
10					20				

对数据进行统计,超过重量差异±5%的药片数量为:_____;(不得多于2片)

超过重量差异±10%的药片数量为:_____。(不得有)

片重范围:_____g。

结论:_____。

符合规定□　不符合规定□

检验人及日期:_____　复核人及日期:_____

异常(突发)情况记录及处理:无异常□　异常情况□_____　记录人:_____

考核等级:优□　良□　合格□　　岗位操作考核人:_____

2. 检验结果的复检

检验过程中出现检验结果不合格的项目或结果处于边缘、超常的项目，检验人员不得私下重新检验，需及时报告上级，并配合上级查找异常原因。一般检验操作过程中的试剂、试液、配制的溶液均需保留以便调查。调查过程中，检验人员需详细叙述操作全部过程，调查确认检验过程可能存在的操作偏离或错误，查找原因，并按照 OOS 或 OOT 的调查处理程序执行，经 QC 负责人或主管同意后方可进行复检，必要时 QC 负责人可指定他人进行复检。调查过程中认为需要增减项目或改变检验方法进行验证、确认的，需经 QC 负责人、实验室负责人或 QA 负责人确定后方可进行。复检过程中，检验人员应按原始记录要求及时如实记录，逐项填写有关项目，完成 OOS 或 OOT 的调查处理，根据最终确认的检验结果，书写检验报告。

3. 检验报告

检验完毕后，需要对检验结果进行评价，评价应考虑所有检验项目的结果，必要时在完成所有检验后应进行统计学分析，评价检验结果是否符合相应质量标准，检验数据结果对比是否存在显著差异，趋势是否稳定等。当出现有疑问的结果时，应进行数据复核，必要时按照偏差管理要求启动偏差调查处理。检验结果评价无误后，所有结论应由检验人员填入检验原始记录，并交由复核人员复核签名。检验报告书写要按格式内容填写齐全，字迹工整、清晰、色调一致，不得涂改，不得用铅笔或易褪色、易涂改的书写工具书写，可用电脑打印而成。检验项目齐全、数据准确、结论明确肯定，有依据，需使用规范化专业语言，不能含糊不清。检验报告内容与结论应和检验原始记录一致。阿司匹林原料药理化检测项目的检验报告见表 3-3-6，阿司匹林肠溶片理化检测项目的检验报告见表 3-3-7。

如有委托检验的项目需要在检验报告中予以说明。

表 3-3-6　阿司匹林原料药理化项目检验报告

检品名称	阿司匹林原料药		检验依据	《中国药典》2020 年版		
批　　号			批　　量			
温　度/℃			湿　度/％			
请验部门			有效期至	年	月	日
检验项目	全检		报告日期	年	月	日
检验项目	标准规定			检验结果		
【性　　状】	应为白色结晶或结晶性粉末。					
【鉴　　别】						
(1)项	应呈正反应。					
【检　　查】						
溶液的澄清度	应澄清。					
易炭化物	应符合规定。					
干燥失重	应≤0.5%。					

炽灼残渣	应≤0.1%。
重金属	应≤10mg/kg。
【含量测定】	本品含 $C_9H_8O_4$ 应≥99.5%。
结　论:本品按《中国药典》　　年版检验,结果	

检验员:　　　　复核人:　　　　QC 主管:　　　　QA 审核人员:

异常(突发)情况记录及处理:无异常☐　异常情况☐_____　记录人:_____
　　　　　　考核等级:优☐ 良☐ 合格☐　　　　岗位操作考核人:_____

表 3-3-7　阿司匹林肠溶片理化项目检验报告

检品名称	阿司匹林肠溶片	检验依据	《中国药典》2020 年版
批　　　号		批　　量	
温　度/℃		湿　度/%	
请验部门		有效期至	年　　月　　日
检验项目	全检	报告日期	年　　月　　日

检验项目	标准规定	检验结果
【性　状】	应为肠溶包衣片, 除去包衣后显白色。	
【鉴　别】	应呈正反应。	
【检　查】		
片重差异	应符合规定。	
结　论:本品按《中国药典》　　年版检验,结果		

检验员:　　　　复核人:　　　　QC 主管:　　　　QA 审核人员:

异常(突发)情况记录及处理:无异常☐　异常情况☐_____　记录人:_____
　　　　　　考核等级:优☐ 良☐ 合格☐　　　　岗位操作考核人:_____

笔记

五、知识链接

1.药品检验项目

药品检验工作应按药品质量标准规定进行检验，检验项目按大类可分为性状、鉴别、检查、含量（效价）测定四个大项，每一大项又分为若干小项。一般来说，药品注册检验、强制检验应进行全项检验（即全检），药品质量抽查检验可进行全检，也可根据监督检查的需要有针对性地进行部分检验或单项检验，如在检验过程中，发现质量标准尚不能全面有效控制药品质量的，可以根据监督需要增加检验项目。判断一个药物的质量是否符合标准要求，必须全面按照质量标准规定内容进行检验和结果判断。药品生产企业上市放行的产品必须按照药品质量标准进行全检，并符合企业质量内控标准。

SP3-2 药品检验项目

（1）性状 药品质量标准中有关性状的规定，主要包括供试品的外观、颜色、气味、溶解度以及其他物理常数。观测的结果不仅可以鉴别药物，也可以在一定程度上反映药品的纯度。此检验项目是评价原料药质量的主要指标之一。

（2）鉴别 用药品质量标准中鉴别项下规定的试验方法，一般采用一组（两个或两个以上）试验项目，结合上述的性状观测结果对药品的真伪作出全面评价。

SP3-3 阿司匹林理化项目检验（一）鉴别

（3）检查 药品质量标准"检查"项下包括有效性、均一性、纯度和安全性四个方面。

① 纯度检查：药典中药物的纯度检查即为药物的杂质检查，它是反映药品质量的一项重要指标。杂质按其来源可以分为一般杂质和特殊杂质。一般杂质是指在自然界中分布较广泛，在多种药物的生产和贮藏过程中容易引入的杂质，如氯化物、硫酸盐、铁盐、重金属、砷盐、酸、碱、水分、澄清度、易炭化物、炽灼残渣等。一般杂质的检查方法收载在《中国药典》（2020版）第四部通则中。特殊杂质指某一个或某一类药物在生产或贮藏过程中易引入的杂质，如阿司匹林中的游离水杨酸、有关物质等都属于特殊杂质。特殊杂质检查方法收载在《中国药典》正文部分各药品的质量标准项下。

SP3-4 阿司匹林理化项目检验（二）检查

② 有效性检查：是指与药物疗效的有关检查，如氢氧化铝的制酸力等。

③ 安全性检查：包括微生物限度、异常毒性、热原、降压物质和无菌检验等。

④ 均一性检查：在药物制剂的质量标准中，还需要检查是否达到了"均一性"方面的要求，如重量差异、崩解时限、融变时限、含量均匀度、溶出度检查等。

（4）含量或效价测定 药品的含量是评价药品质量和保证药品疗效的重要手段。可用于药品含量测定的方法主要有滴定分析法（如酸碱滴定法、氧化还原滴定法等）、重量分析法、仪器分析法（如紫外-可见分光光度法、高效液相色谱法等）以及其他分析法，如抗生素微生物检定法、酶分析法、电泳法等。

SP3-5 酸碱滴定

判断一个药物的质量是否符合标准要求，必须全面考虑性状、鉴别、检查和含量测定四者的检验结果。

2. 药品质量标准

药品质量标准是国家对药品质量、规格及检验方法所作的技术规定，是药品生产、供应、使用、检验和药政管理部门共同遵循的法定依据。药品检验工作离不开药品质量标准，它是我们进行分析检验的依据。在我国，法定的药品质量标准分为以下 3 个级别。

SP3-6 药品质量标准

一级标准：《中华人民共和国药典》，简称《中国药典》，缩写 ChP，由国家药典委员会编写制定，每 5 年修订一次。

二级标准：局颁标准（国家药品监督管理局）或部颁标准（国家卫生健康委员会）。

三级标准：地方标准，是各省、自治区、直辖市制定的中药炮制或中药饮片标准（一般为药典和部颁标准没有的品种）。化学药品地方标准基本废止。

在药品检验时，首先应该将中国药典的检验标准作为检验依据，中国药典没有的品种，才按照局颁或者部颁标准为检验依据。一些中药炮制或中药饮片在以上质量标准中没有收录的，就按照各省、自治区、直辖市的标准作为检验依据。另外，各个药品生产企业还有自己制定的"企业标准"，企业标准一般参照法定标准制定，但是检验指标通常比法定标准要求更高，企业通过提高内部质量标准更好地保证药品质量，提升产品市场竞争力。目前，常见的可供参考的国内外药典（现行版）请扫描二维码。

六、岗位综合能力考核

（一）岗位素养考核

1. 基本要求

（1）着装符合要求：　　　工作服□　运动鞋□　长发扎起□

（2）严谨认真的科学态度：实训期间严肃认真□　正确书写检验记录□　不嬉戏打闹□

（3）安全意识、劳动素养：操作规范□　　操作区整洁□

2. 案例分析

（1）原始记录书写错误应如何修改？

（2）分析检验完成后，剩余的检品该怎么处理？

（二）岗位知识考核

1. 单项选择题

（1）阿司匹林用酸碱滴定法测定含量时，用中性醇溶解供试品的目的是（　　）。

A. 防止供试品在水溶液中滴定时水解　　　　　　　　B. 防腐消毒

C. 使供试品易于溶解　　　　　　　D. 控制 pH　　　　E. 减小溶解度

(2) 某一药物和碳酸钠试液加热水解，放冷，加过量稀硫酸酸化后，析出白色沉淀，并产生醋酸的臭气，则该药物是（　　）。

A. 阿司匹林　　　　　　　B. 对氨基水杨酸钠　　　　　　C. 硫酸奎宁

D. 盐酸利多卡因　　　　　E. 苯巴比妥

(3) 阿司匹林加碳酸钠试液加热后，再加稀硫酸酸化，此时产生的白色沉淀应是（　　）。

A. 苯酚　　　　　　　　　B. 乙酰水杨酸　　　　　　　　C. 水杨酸

D. 醋酸钠　　　　　　　　E. 醋酸苯酯

(4) 阿司匹林中特殊杂质检查包括溶液的澄清度，该检查是利用（　　）。

A. 药物与杂质溶解行为的差异　　　　　B. 药物与杂质旋光性的差异

C. 药物与杂质颜色的差异　　　　　　　D. 药物与杂质气味及挥发性的差异

E. 药物与杂质对光吸收性质的差异

(5) 药物结构中与 $FeCl_3$ 发生反应的活性基团是（　　）。

A. 甲酮基　　　B. 酚羟基　　　C. 芳伯氨基　　　D. 乙酰基　　　E. 烯醇基

(6) 下列反应可用于检查阿司匹林中的水杨酸杂质的是（　　）。

A. 重氮化偶合反应　　　　　　　　B. 与变色酸共热呈色

C. 与三价铁离子显色　　　D. 与 HNO_3 显色　　　E. 与硅钨酸形成白色沉淀

2. 简答题

(1) 阿司匹林原料药采用酸碱滴定法测定含量，肠溶片可以采用此法吗？药典采用的是什么方法？

(2) 阿司匹林肠溶片为何要测定酸中溶出度和缓冲液中溶出度，分别使用的溶出介质是什么？

3. 计算题

精密称取阿司匹林原料药 0.4276g，按药典规定用酸碱滴定法测定。消耗氢氧化钠滴定液（0.1020mol/L）22.92mL，求阿司匹林的百分含量。每 1.00mL 的氢氧化钠滴定液（0.1000mol/L）相当于阿司匹林 18.02mg。

（三）岗位技能考核（见表 3-3-2～表 3-3-7）

理化检测岗位综合考核等级：优□　　　　良□　　　　合格□

岗位四
仪器分析检测

一、岗位概述

对进出厂产品、中间体、稳定性考察样品等进行仪器分析检验（包括红外光谱法、紫外光谱法、高效液相色谱法、原子吸收等），在检验过程中确保严格按质量标准进行检验，并确保检验数据准确、可靠，及时填写检验记录及台账，若出现异常情况，及时填写检验记录，准确出具检验报告，及时、如实报告，配合超出质量标准的结果（OOS）或超出检验结果趋势（OOT）调查；做好仪器、样品、标准品及仪器备品备件的登记管理；做好检验仪器电子数据及原始数据的保存、归档等管理。仪器分析管理的重点是电子数据的管理。

二、岗位任务与要求

岗位任务与要求见表 3-4-1。

表 3-4-1 仪器分析检测岗任务及能力素质要求

岗位任务	能力素质要求
对进厂物料、中间体、产品、稳定性考察样品等进行仪器分析检验	1. 具备严格按照质量标准进行仪器分析检测的意识； 2. 具备正确操作红外光谱仪、紫外-可见分光光度计、高效液相色谱仪等常见药品检验仪器的能力； 3. 具备基本的仪器维护、一般故障排除能力； 4. 熟悉 GMP 和企业管理文件对计算机系统操作与管理要求、电子数据操作和管理要求，数据保存规范，方便查询；不断完善和提高检验能力； 5. 能够完整、准确书写原始记录；确保检验数据准确、可靠；具备科学严谨的基本职业道德和素养； 6. 当出现异常情况，具备及时上报的职业警觉性，配合 OOS 或 OOT 调查
完成原始记录	
出具检验报告	
仪器、样品及标准品使用及仪器备品备件的登记管理	
按照计算机化系统管理要求对检验仪器电子数据及原始数据产生、保存、归档等	

三、岗位检验任务

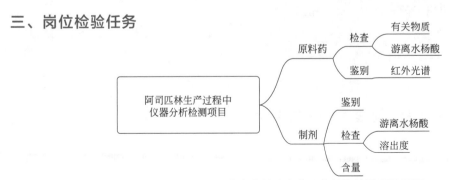

图 3-4-1 阿司匹林生产过程中仪器分析的检测项目导图

仪器分析检测岗位主要是用仪器分析方法对进出厂产品、中间体、稳定性考察样品等进行仪器分析检验。依据《中国药典》（2020 年版），在阿司匹林原料药及其肠溶片的全检项目中，涉及仪器分析检测岗位的检验项目及方法见图 3-4-1。

四、岗位检验原始记录及检验报告

1. 检验原始记录

阿司匹林原料药仪器分析检验原始记录见表 3-4-2，阿司匹林肠溶片仪器分析检验原始记录见表 3-4-3。

表 3-4-2 阿司匹林原料药仪器分析检验原始记录

产品名称	阿司匹林原料药		批　　量			
来　　源			检验日期	年	月	日
批　　号			报告日期	年	月	日
温度/℃			湿度/%			
检验依据	按《中国药典》　年版　部		有效期至	年	月	日

【鉴别】红外吸收光谱法

仪器:红外光谱仪,型号为_____。

试剂:溴化钾,厂家为_____, 级别为_____, 批号为_____。

1. 仪器及其校正

使用傅里叶变换红外光谱仪或色散型红外分光光度计。用聚苯乙烯薄膜(厚度约为 0.04mm)校正仪器,绘制其光谱图,用 3027cm^{-1}、2851cm^{-1}、1601cm^{-1}、1028cm^{-1}、907cm^{-1} 处的吸收峰对仪器的波数进行校正。傅里叶变换红外光谱仪在 3000cm^{-1} 附近的波数误差应不大于±5cm^{-1},在 1000cm^{-1} 附近的波数误差应不大于±1cm^{-1}。

聚苯乙烯薄膜校正时,仪器的分辨率要求在 3110cm^{-1}～2850cm^{-1} 范围内应能清晰地分辨出 7 个峰,峰 2851cm^{-1} 与谷 2870cm^{-1} 之间的分辨深度不小于 18% 透光率,峰 1583cm^{-1} 与谷 1589cm^{-1} 之间的分辨深度不小于 12% 透光率。仪器的标称分辨率,除另有规定外,应不低于 2cm^{-1}。

2. 试样制作与光谱绘制

取阿司匹林约 1mg,置玛瑙研钵中,加入干燥的溴化钾细粉约 200mg,充分研磨混匀,移置于直径约 13mm 的压模中,铺布均匀,压模与真空泵连接,抽真空约 2min 后,加压至 12～25MPa,保持 1min,除去真空,取出制成的供试片。供试片目视检查应均匀透明,无明显颗粒。将供试片置于仪器光路中,另在参比光路中置一按同法制成的空白溴化钾片作为补偿,绘制光谱图。光谱图应与下图一致。

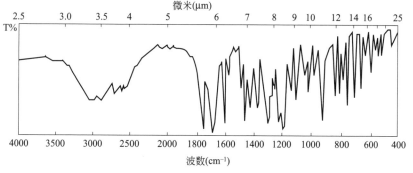

在下方贴出本次实验所绘制出的阿司匹林原料药红外光谱图:

结论:本品的红外光吸收图谱与对照的图谱 _____。

符合规定□　　不符合规定□

检验人及日期:_____　　复核人及日期:_____

【游离水杨酸和有关物质】

高效液相色谱法

仪器:高效液相色谱仪，　厂家为_____，　型号为_____，　编号为_____;
　　　电子天平，　厂家为_____，　型号为_____，　编号为_____。

试剂:水杨酸对照品，　厂家为_____，　批号为_____。

溶剂:1%冰醋酸的甲醇溶液。

供试品溶液:取本品约 0.1g,精密称定,置 10mL 量瓶中,加溶剂适量,振摇使溶解并稀释至刻度,摇匀。

【游离水杨酸】

对照品溶液:取水杨酸对照品约 10mg,精密称定,置 100mL 量瓶中,加溶剂适量使溶解并稀释至刻度,摇匀,精密量取 5mL,置 50mL 量瓶中,用溶剂稀释至刻度,摇匀。

色谱条件:用十八烷基硅烷键合硅胶为填充剂;以乙腈-四氢呋喃-冰醋酸-水(20:5:5:70)为流动相;检测波长为 303nm;进样体积为 $10\mu L$。

系统适用性要求:理论板数按水杨酸峰计算不低于 5000。阿司匹林峰与水杨酸峰之间的分离度应符合要求。

测定法:精密量取供试品溶液与对照品溶液,分别注入液相色谱仪,记录色谱图。

限度:供试品溶液色谱图中如有与水杨酸峰保留时间一致的色谱峰,按外标法以峰面积计算,不得过 0.1%。

对照品称取量 $w_1=$ _____g;　供试品称取量 $w_2=$ _____g;

对照液水杨酸峰面积 $A_1=$ _____;　供试液水杨酸峰面积 $A_2=$ _____。

$$水杨酸标示量(\%)=\frac{w_1\times A_2}{A_1\times w_2\times 5}\times 100\%=\underline{\qquad}\%$$

符合规定□　不符合规定□

检验人及日期:_____　　复核人及日期:_____

【有关物质】

照高效液相色谱法(通则 0512)试验。

供试品溶液:取本品约 0.1g,置 10mL 量瓶中,加 1%冰醋酸的甲醇溶液适量,振摇使溶解并稀释至刻度,摇匀。

对照溶液:精密量取供试品溶液 1mL,置 200mL 量瓶中,用 1%冰醋酸的甲醇溶液稀释至刻度,摇匀。

灵敏度溶液:精密量取对照溶液 1mL,置 10mL 量瓶中,用 1%冰醋酸的甲醇溶液稀释至刻度,摇匀。

游离水杨酸对照液:取水杨酸对照品约 10mg,精密称定,置 100mL 量瓶中,加溶剂适量使溶解并稀释至刻度,摇匀,精密量取 5mL,置 50mL 量瓶中,用溶剂稀释至刻度,摇匀。

色谱条件:用十八烷基硅烷键合硅胶为填充剂;以乙腈-四氢呋喃-冰醋酸-水(20:5:5:70)为流动相 A,乙腈为流动相 B,按下表进行梯度洗脱;检测波长为 276nm;进样体积为 $10\mu L$。

时间/min	流动相 A/%	流动相 B/%
0	100	0
60	20	80

系统适用性要求:阿司匹林峰的保留时间约为 8min,阿司匹林峰与水杨酸峰之间的分离度应符合要求。

测定法:精密量取供试品溶液、对照溶液、灵敏度溶液与游离水杨酸对照品溶液各 $10\mu L$,分别注入液相色谱仪,记录色谱图。供试品溶液色谱图中如有杂质峰,除水杨酸峰外,其他各杂质峰面积的和不得大于对照溶液主峰面积(0.5%)。供试品溶液色谱图中小于灵敏度溶液主峰面积的色谱峰忽略不计。

仪器编号:天平 _____ ;液相色谱仪 _____ 。

供试品称取量 $S(g)$: _____ ;

水杨酸对照品称取量 $S_r(g)$: _____ ;

水杨酸对照液主峰保留时间 $t_{R_1}(min)$: _____ ;

经比对,找到供试液中水杨酸的色谱峰,其保留时间 $t_{R_2}(min)$: _____ ,峰宽 $W_2(min)$: _____ ;

供试液中,阿司匹林主峰的保留时间 $t_{R_3}(min)$: _____ ,峰宽 $W_3(min)$: _____ 。

计算分离度 $R = \dfrac{2(t_{R_2} - t_{R_3})}{W_2 + W_3} = \dfrac{2(\underline{\quad} - \underline{\quad})}{\underline{\quad} + \underline{\quad}} = \underline{\quad}$

灵敏度溶液主峰面积 $A_s = $ _____ ;

对照液主峰面积 $A_r = $ _____ 。

找到供试液中除水杨酸峰以外,峰面积大于 A_s 的杂质峰,在下面进行记录。

杂质峰的峰面积(如有):

A_1: _____ ;A_2: _____ ;A_3: _____ ;A_4: _____ ;

A_5: _____ ;A_6: _____ ;A_7: _____ ;A_8: _____ ;

如还有更多,参照前例进行记录: _____ 。

杂质峰面积进行加和,$A_{im} = A_1 + A_2 + \cdots\cdots$,得到这些杂质(有关物质)的峰面积总和 $A_{im} = $ _____ 。

A_{im} 与 A_r 进行大小相比,A_{im} _____ A_r。(填入大小比较符号)

符合规定□　　不符合规定□

检验人及日期:_____ 　　复核人及日期:_____

异常(突发)情况记录及处理:无异常□　异常情况□_____ 　　记录人:_____

考核等级:优□　良□　合格□　　岗位操作考核人:_____

表 3-4-3　阿司匹林肠溶片仪器分析检验原始记录(HPLC 法)

产品名称	阿司匹林肠溶片	批　　量		
来　　源		检验日期	年　　月　　日	
批　　号		报告日期	年　　月　　日	
温度/℃		湿度/%		
检验依据	按《中国药典》　　年版　　部	有效期至	年　　月　　日	

【鉴别】高效液相色谱法

使用仪器:高效液相色谱仪,型号为 _____ ,编号为 _____ ;

电子天平,型号为 _____ 编号为 _____ 。

1. 色谱条件

用十八烷基硅烷键合硅胶为填充剂,以乙腈-四氢呋喃-冰醋酸-水(20：5：5：70)为流动相,检测波长为276nm,进样体积为10μL。

系统适用性要求:理论板数按水杨酸峰计算不低于5000。阿司匹林峰与水杨酸峰之间的分离度应符合要求。

2. 试样溶液配制

溶剂:1%冰醋酸的甲醇溶液。

供试品溶液:取本品细粉适量(约相当于阿司匹林0.1g),精密称定,置100mL量瓶中,加溶剂振摇使阿司匹林溶解并稀释至刻度,摇匀,滤膜滤过,取续滤液。

对照品溶液:取阿司匹林对照品适量,精密称定,加溶剂振摇使溶解并定量稀释制成每1mL中约含0.1mg的溶液。

3. 测定法

精密量取供试品溶液与对照品溶液,分别注入液相色谱仪,记录色谱图。

在供试品溶液的色谱图中,溶液主峰的保留时间 t_{R_1} = _____ min;

在对照片溶液的色谱图中,溶液主峰的保留时间 t_{R_2} = _____ min。

结果:_____。

符合规定□　不符合规定□

检验人及日期:_____　复核人及日期:_____

【含量测定】

使用仪器：高效液相色谱仪,　型号为_____,编号为_____;

电子天平,　型号为_____,编号为_____。

色谱条件:用十八烷基硅烷键合硅胶为填充剂,以乙腈-四氢呋喃-冰醋酸-水(20：5：5：70)为流动相,检测波长为276nm,进样体积为10μL。

系统适用性要求:理论板数按阿司匹林峰计算不低于3000。阿司匹林峰与水杨酸峰之间的分离度应符合要求。

溶剂:1%冰醋酸的甲醇溶液。

供试品溶液:取本品20片,精密称定,充分研细,精密称取细粉适量(约相当于阿司匹林10mg),置100mL量瓶中,用溶剂强烈振摇使阿司匹林溶解,并用溶剂稀释至刻度,摇匀,滤膜滤过,取续滤液。

对照品溶液:取阿司匹林对照品约10mg,置100mL量瓶中,加入20mL溶剂振摇使溶解,并用溶剂稀释至刻度,摇匀(每1mL中约含0.1mg)。

规格：　0.5g。

对照品称取量 w_1 = _____ g;

阿司匹林平均片重 w_2 = _____ g;阿司匹林片粉称取量 w_3 = _____ g。

供试液阿司匹林峰面积 A_2 = _____;对照液阿司匹林峰面积 A_1 = _____。

标示量含量(%) $= \dfrac{w_1 \times A_2 \times w_2}{A_1 \times w_3 \times 0.5} \times 100\% =$ _____ %

检验人及日期:_____　复核人及日期:_____

【溶出度】

溶出使用第一法(篮法)。含量测定使用高效液相色谱法。规格:0.5g。

溶出条件:以 37℃±0.5℃下的盐酸溶液(稀盐酸 24mL 加水至 1000mL)1000mL 为溶出介质,转速为 100r/min,取 6 片,在 6 个转篮中,依法操作,经 30min 后取样。

供试品溶液:取溶出液 10mL 滤过,取续滤液。

溶剂:1%冰醋酸的甲醇溶液。

阿司匹林对照品溶液:取阿司匹林对照品约 40mg,精密称定,置 100mL 量瓶中,加入 20mL 溶剂振摇使溶解,并用溶剂稀释至刻度,摇匀(每 1mL 中约含 0.4mg)。

水杨酸对照品溶液:取水杨酸对照品约 50mg,精密称定,100mL 量瓶中,加入 20mL 溶剂振摇使溶解,并用溶剂稀释至刻度,摇匀。再从溶液中量取 10mL 转移至另一 100mL 量瓶中,用溶剂稀释至刻度,摇匀(1mL 中约 50μg)。

色谱条件:用十八烷基硅烷键合硅胶为填充剂,以乙腈-四氢呋喃-冰醋酸-水(20:5:5:70)为流动相,检测波长为 276nm,进样体积为 10μL。

系统适用性要求:理论板数按阿司匹林峰计算不低于 3000。阿司匹林峰与水杨酸峰之间的分离度应符合要求。

测定法:精密量取供试品溶液、阿司匹林对照品溶液与水杨酸对照品溶液,分别注入液相色谱仪,记录色谱图。按外标法以峰面积分别计算每片中阿司匹林与水杨酸含量,将水杨酸含量乘以 1.304 后,与阿司匹林含量相加即得每片溶出量。

阿司匹林对照品称取量 $m_1=$ _____ g, 阿司匹林对照液主峰面积 $A_1=$ _____;

水杨酸对照品称取量 $m_2=$ _____ g, 水杨酸对照液主峰面积 $A_2=$ _____。

其他数据填入下表进行计算。

A_3:供试液阿司匹林峰面积。A_4:供试液水杨酸峰面积。

计算公式:

$$溶出量(\%)=\frac{\dfrac{10\times m_1\times A_3}{A_1}+\dfrac{m_2\times A_4\times 1.304}{A_2}}{0.5}\times 100\%$$

数据与结果记录表

药片编号	1	2	3	4	5	6	总计数	规定
A_3							—	—
A_4							—	—
溶出量/%							—	—
平均溶出量/%							—	不低于 80%
溶出超过 80%								符合规定
溶出 70%~80%								不得超过 1~2 片
溶出 60%~70%								仅有 1 片,则进行复试
溶出少于 60%								不得有

对于溶出量符合指定范围内的药片,画"O"进行标记。

规定:(1)6 片溶出量均不低于 80%,符合规定。

(2)6 片中有 1 到 2 片溶出量在 70%~80%之间,且平均溶出量不低于 80%,符合规定。

(3)复试与规定标准:6 片中,有 1~2 片(粒、袋)溶出量低于 80%,其中仅有 1 片在 60%~70%之间,且其平均溶出量不低于 80%时,另取 6 片复试;初、复试的 12 片中有 1~3 片低于 80%,

其中仅有 1 片(粒、袋)低于 70%,但不低于 60%,且其平均溶出量不低于 80%,符合规定。

复试数据与结果记录表

药片编号	7	8	9	10	11	12	两表总计数	规定
A_3							—	—
A_4							—	—
溶出量/%							—	—
12 片平均溶出量/%							—	不低于 80%
溶出超过 80%								符合规定
溶出在 70%~80%							合计不得超过 1~3 片	—
溶出在 60%~70%								仅有 1 片
溶出少于 60%								不得有

结果:溶出度为 _____。

符合规定□　不符合规定□

检验人及日期:_____　　复核人及日期:_____

【游离水杨酸】

使用仪器: 高效液相色谱仪, 型号为_____,编号为_____;

电子天平, 型号为_____,编号为_____。

色谱条件:用十八烷基硅烷键合硅胶为填充剂,以乙腈-四氢呋喃-冰醋酸-水(20:5:5:70)为流动相,检测波长为 303nm,进样体积为 $10\mu L$。

系统适用性要求:理论板数按水杨酸峰计算不低于 5000。阿司匹林峰与水杨酸峰之间的分离度应符合要求。

溶剂:1% 冰醋酸的甲醇溶液。

供试品溶液:取本品细粉适量(约相当于阿司匹林 0.1g),精密称定,置 100mL 量瓶中,加溶剂振摇使阿司匹林溶解并稀释至刻度,摇匀,滤膜滤过,取续滤液。

对照品溶液:取水杨酸对照品约 15mg,精密称定,置 50mL 量瓶中,加溶剂溶解并稀释至刻度,摇匀,精密量取 5mL,置 100mL 量瓶中,用溶剂稀释至刻度,摇匀。

规格: 0.5g。

对照品称取量 $w_1=$ _____ g。

阿司匹林平均片重 $w_2=$ _____ g;阿司匹林片粉称取量 $w_3=$ _____ g。

供试液水杨酸峰面积 $A_2=$ _____ ; 对照液水杨酸峰面积 $A_1=$ _____ 。

水杨酸标示量(%) $=\dfrac{w_1 \times A_2 \times w_2}{A_1 \times w_3 \times 5} \times 100\% =$ _____ %

结果:_____。

符合规定□　不符合规定□

检验人及日期:_____　　复核人及日期:_____

异常(突发)情况记录及处理:无异常□　异常情况□_____　记录人:_____

考核等级:优□ 良□ 合格□　　　　岗位操作考核人:_____

2. 检验报告

阿司匹林原料药仪器分析检测项目检验报告见表 3-4-4，阿司匹林肠溶片仪器分析检测项目检验报告见表 3-4-5。

表 3-4-4 阿司匹林原料药仪器分析检测项目检验报告

检品名称	阿司匹林原料药	检验依据	《中国药典》2020 年版		
批　　号		批　　量			
温度/℃		湿度/％			
请验部门		有　效　期至	年　　月　　日		
检验项目		报告日期	年　　月　　日		
检验项目		标准规定		检验结果	
【鉴　别】 红外光谱法		红外光吸收图谱应与对照的图谱一致。			
【检　查】 游离水杨酸 有关物质		应≤0.1％。 应≤0.5％。			
结　论:本品按《中国药典》　　年版检验,结果					
检验员:　　　　　复核人:　　　　　QC 主管:　　　　　QA 审核人员:					
异常(突发)情况记录及处理:无异常□　异常情况□_____　记录人:_____ 　　　　考核等级:优□ 良□ 合格□　　　　　　岗位操作考核人:_____					

表 3-4-5 阿司匹林肠溶片仪器分析检测项目检验报告

检品名称	阿司匹林肠溶片	检验依据	《中国药典》2020 年版		
批　　号		批　　量			
温度/℃		湿度/％			
请验部门		有效期至	年　　月　　日		
检验项目		报告日期	年　　月　　日		
检验项目		标准规定		检验结果	
【鉴　别】 高效液相色谱法		HPLC 主峰保留时间应与对照品保留时间一致。			
【检　查】 游离水杨酸		不得过标示量 1.5％。			
【溶出度】		酸中≤10％,缓冲液中≥70％。			
【含量测定】		本品含 $C_9H_8O_4$ 应为标示量的 93.0％～107.0％。			
结　论:本品按《中国药典》　　年版检验,结果					
检验员:　　　　　复核人:　　　　　QC 主管:　　　　　QA 审核人员:					
异常(突发)情况记录及处理:无异常□　异常情况□_____　记录人:_____ 　　　　考核等级:优□ 良□ 合格□　　　　　　岗位操作考核人:_____					

笔记

五、知识链接

1. 标准操作规程

为促进药品检验数据与结论报告的正确、可靠和一致，加强药品检验实验操作的规范化、标准化，中国食品药品检定研究院组织全国药检所编写出版了《中国药品检验标准操作规范》和《药品检验仪器操作规程》，这是指导药品检验人员进行检验工作的重要参考书，是经批准用来指导设备操作、维护和清洁、验证、环境控制以及检验等药品生产活动的通用性文件，其内容明确、详细、操作程序清晰，存放于各有关实验现场，检验人员随时可以参阅。主要内容包括：仪器与设备的使用、通用的药品检验技术与方法、专用的药品检验技术与方法、动物及动物室的管理、试剂及试药溶液的配制与管理等。

2. HPLC 知识

在药典中，高效液相色谱法（HPLC）是药物及其制剂质量检验的最常用的一种方法。高效液相色谱仪主要由高压输液系统、进样系统、分离系统、检测系统、记录系统等五大部分组成，其组成示意图见图 3-4-2。

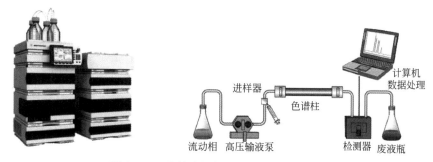

图 3-4-2　高效液相色谱仪及其组成示意图

高效液相色谱仪的操作方法请扫二维码 SP3-7 继续学习。

SP3-7　高效液相色谱仪的操作方法

六、岗位综合能力考核

（一）岗位素养考核
基本要求

（1）着装符合要求：　　　工作服□　　　运动鞋□　　　长发扎起□
（2）严谨认真的科学态度：实训期间严肃认真□　正确书写检验记录□　不嬉戏打闹□
（3）安全意识、劳动素养：操作规范□　　　　　操作区整洁□

（二）岗位知识考核

1. 实例分析

（1）HPLC 中系统适用性试验。如图 3-4-3 阿司匹林的 HPLC 色谱图所示，阿司匹林的保留时间 t_{R_1} 为 20.61min，分谱峰宽 W_1 为 1.49min；水杨酸的保留时间 t_{R_2} 为 23.57min，色谱峰宽 W_2 为 1.89min。①根据阿司匹林色谱峰计算色谱柱的理论塔板数；②计算这两个组分色谱峰的分离度，并判断这两个结果是否符合药典所规定的系统适用性试验要求。

（2）水杨酸中有关物质检查照高效液相色谱法（通则 0512）测定。

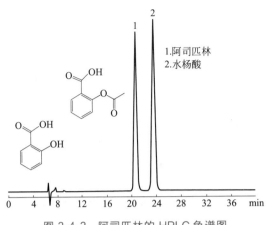

图 3-4-3　阿司匹林的 HPLC 色谱图

① 供试品溶液：取本品 0.5g，精密称定，置 100mL 量瓶中，加流动相溶解并稀释至刻度。

② 对照溶液：精密量取供试品溶液 1mL，置 50mL 量瓶中，用流动相稀释至刻度，摇匀，再精密量取 1mL，置 10mL 量瓶中，用流动相稀释至刻度，摇匀。

③ 对照品溶液：取 4-羟基苯甲酸对照品、4-羟基间苯二甲酸对照品与苯酚对照品各适量，精密称定，加流动相溶解并定量稀释制成每 1mL 中分别约含 4-羟基苯甲酸 5μg、4-羟基间苯二甲酸 2.5μg 与苯酚 1μg 的混合溶液。

④ 色谱条件：用十八烷基硅烷键合硅胶为填充剂；以甲醇-水-冰醋酸（60∶40∶1）为流动相；检测波长为 270nm；进样体积为 20μL。

⑤ 测定法：精密量取供试品溶液、对照溶液与对照品溶液，分别注入液相色谱仪，记录色谱图至主成分峰保留时间的 2 倍。

⑥ 限度：供试品溶液色谱图中如有与对照品溶液中保留时间一致的色谱峰，按外标法以峰面积计算，4-羟基苯甲酸不得过 0.1%，4-羟基间苯二甲酸不得过 0.05%，苯酚不得过 0.02%；其他单个杂质峰面积不得大于对照溶液主峰面积的 0.25 倍（0.05%）；杂质总量不得大于 0.2%。

问题：其他单个杂质峰面积不得大于对照溶液主峰面积的 0.25 倍，为什么相当于杂质限量为 0.05%？这种杂质限量具体属于哪种方法？该方法的优缺点有哪些？

2. 简答题

（1）阿司匹林的有关物质检查为何采用梯度洗脱法？

（2）配制色谱用流动相时，为什么要对流动相进行过滤和超声？

（3）红外光谱仪和紫外光谱仪在不使用时会加入变色硅胶，目的是什么？何时更换变色硅胶？

（三）岗位技能考核（见表 3-4-2～表 3-4-5）

仪器分析岗位综合考核等级：优□　　良□　　　合格□

药品生产中的"三废"处理

SP4 "三废"
处理

环境是人类赖以生存和社会经济可持续发展的客观条件和空间，随着现代工业的高速发展，环境保护问题已引起人们的极大关注，环境污染不仅直接威胁人类的生命和安全，也影响了经济的发展而成为严重的社会问题。制药工业，尤其是原料药生产过程中反应步骤多，原料种类多、数量大，原材料利用率低，产生的"三废"量大且成分复杂，对环境和人体都有着严重的危害。因此，根据《中华人民共和国环境保护法》和《中华人民共和国环境影响评价法》等有关规定，任何一个生产项目在建设前都要提交环境影响报告书，为控制污染、保护环境提供依据，并对产生的"三废"提出治理措施。

一、废水处理

废水是制药企业"三废"的主要来源，其种类和来源如表一所示。生化处理技术是目前制药废水广泛采用的处理技术，分为好氧生物处理和厌氧生物处理两种方法，前者是在有氧气存在的条件下进行生物代谢以降解有机物，使其稳定、无害化的处理方法，后者是在厌氧条件下，兼性厌氧和厌氧微生物群体将有机物转化为甲烷和二氧化碳的过程。其中，好氧生物处理效率高，应用广泛，已成为废水处理的主要方法，但好氧处理的能耗较高，剩余污泥量较多，特别不适宜处理高浓度有机废水和污泥。而厌氧生物处理不需供氧，最终产物为热值很高的甲烷气体，可用作清洁能源，特别适宜于处理城市污水处理厂的污泥和高浓度有机工业废水。由于制药废水中有机物浓度很高，所以一般需要两者相结合才能取得较好的处理效果。

表一　原料药生产废水种类、来源及特点

种类	来源	特点
工艺废水	结晶母液、转相母液、吸附残液	1. 废水的水质、水量变化大； 2. 多含生物难以降解的物质和微生物生长抑制剂； 3. 化学耗氧量（COD）和悬浮物（SS）高，含盐量大，主要污染物质为有机物
冲洗废水	反应器、过滤机、催化剂载体、树脂等设备和材料的洗涤水，地面、用具等洗刷废水	
回收残液	溶剂回收残液、副产品回收残液	
辅助过程废水	密封水、溢出水	

二、废气处理

药厂排出的废气种类、处理原理及常见处理方法如表二所示。

种类	处理原理	处理方法
1. 含悬浮物的废气； 2. 原材料的粉碎，药品粉末； 3. 无机物废气，如HCl、NO等； 4. 含有机物的废气	物理法：不改变废气的化学性质，只是臭味掩蔽和稀释，或者将其由气相转移至液相或固相	掩蔽法、稀释法、冷凝法和吸附法等
	化学法：利用化学反应，使废气与另一种物质反应转变为无毒、无害、无臭物质或臭味较低的物质	燃烧法、氧化法和化学吸收法（酸碱中和法）等
	生物净化法：利用微生物的新陈代谢活动，将有害物质作为营养物质被微生物吸收、分解和利用，使之氧化为最终产物，从而去除有害物质，最终实现无臭化、无害化的方法	将废气附着在多孔、潮湿介质上，活性微生物以废气中无机或有机组分作为其生命活动的能源或养分，转化为简单的无机物（CO_2、H_2O）或细胞组成物质
	物理化学法：物理法和化学法的结合	酸碱吸收、化学吸附、氧化法和催化燃烧等几种方法有机结合的处理方法

三、废渣处理

药厂常见废渣包括：蒸馏残渣、失活的催化剂和活性炭、胶体残渣、反应残渣、不合格的中间体和产品，以及沉淀、生物处理等污泥残渣等。

废渣的处理方法有综合利用法、焚烧法和填土法。综合利用法实质上是资源再利用，这样不仅解决了废渣的污染问题，也实现了资源的充分利用。焚烧法是使被处理的废渣与过量的空气在焚烧炉内进行氧化燃烧反应，从而使废渣中所含的污染物在高温下氧化分解而被破坏，是一种高温处理和深度氧化的综合工艺，焚烧能大大减少废渣的体积，消除其中的许多有害物质，同时又能回收热量。因此，对于一些暂时无回收价值的可燃性废渣，特别是当用其他方法不能解决或处理不彻底时，焚烧则是一个有效的方法。该法可使废渣完全氧化成无害物质，COD 的去除率可达 99.5％以上。填土法即土地填埋废渣。

"三废处理"虽然经过一百多年的发展，至今已经比较成熟，但是仍然存在许多问题，只有采用多种工艺联合处理的方法，才能做到达标排放，甚至是变废为宝，实现资源综合利用的目的。

岗位综合能力考核参考答案

模块一　化学药物的合成

岗位一　备料

（一）岗位素养考核

2. 案例分析

答案要点：阿司匹林的发展是人类上千年智慧的积累与结晶，虽然很难想象这种积累长达数千年，但这也是科技发展的共性，即每一次成果的取得都是在前人技术和智慧的基础上，再经过多年积累，是最后综合作用的结果。回顾阿司匹林的历史，也反映出医药行业非常突出的特点，即药物研发周期长，投入高，成功率低。从早期的资本投入，到后期的持续投入，再到研发成功，中间的过程十分漫长。在美国有"十年一药"的说法，而阿司匹林的情况用"千年一药"来形容也不过分。从另一个角度再次证明了医药研发的难度，需要科研人员持之以恒的钻研精神和坚韧不拔的毅力。同时，阿司匹林的发展史也是一部持续百年的创新史，唯有创新才能发展，正是新机制新作用的不断发掘，才使这一百年老药不断焕发新生、创造奇迹。

（二）岗位知识考核

1. 单项选择题

（1）C　（2）C　（3）A

2. 判断题

（1）×　（2）×　（3）√

3. 多项选择题

（1）ABCD　（2）ABCDE

4. 简答题

略。

岗位二　酰化反应

（一）岗位素养考核

2. 案例分析

答案要点：略。

（二）岗位知识考核

1. 单项选择题

（1）C　（2）D　（3）A

2．多项选择题

（1）CDE　（2）ABC

3．简答题

略。

岗位三　母液回收

（一）岗位素养考核

2．案例分析

（1）答案要点：原料药生产制造中，在吸附、萃取、分离、干燥等作业工序中使用大量有机溶剂，溶剂回收是原料药生产过程中的关键工序，不仅直接关系到产品的质量、成本，也影响污染物排放等环保问题。溶剂回收水平，是原料药企业市场竞争力的核心，也是实现节能的关键，更是企业挥发性有机物排放控制的指标表征。溶剂可以回收，进行套用，但是不能带入超过标准的杂质，造成交叉污染。对于回收的溶剂而言，药品 GMP 并不要求其必须与初始物料质量标准相一致。相反，大多数情况下，其质量标准要求比初始物料更为宽松。但是为了防止在生产过程中所产生的杂质难以清除，企业应当根据对产品质量的影响科学设定回收溶剂的质量标准。

（2）答案要点：母液回收岗位通过对母液进行醋酐水解、减压蒸馏，可回收副产品冰醋酸，用于生产套用和销售，杜绝了醋酸废水的排放。通过对母液的回收处理，提高经济效益，减轻环保污水生化处理的压力，符合国家绿色清洁生产的要求，解决了制约阿司匹林生产的废水治理问题，践行了绿水青山就是金山银山的环保理念。

（二）岗位知识考核

1．单项选择题

（1）B　（2）D　（3）A　（4）B

2．多项选择题

（1）ABCD　（2）BCD

3．简答题

略。

岗位四　粗品水解

（一）岗位素养考核

2．案例分析

（1）答案要点：在粗品水解岗位回收的不合格阿司匹林经处理得精制水杨酸，可作为生产原料套用，减少了阿司匹林生产原材料的消耗，符合国家绿色清洁生产的要求，实践了"变废为宝"的环保理念。

（2）答案要点：原因：结晶物料量收率的偏低主要原因有结晶时间不足、温度偏高。处理：优化结晶工艺，增加结晶时间，降低结晶温度。

（二）岗位知识考核

1. 单项选择题

（1）B　（2）A　（3）A　（4）C

2. 多项选择题

（1）AD　（2）ABCD

3. 简答题

（1）答案要点：酸碱灼伤事故应急处置坚持三优先原则：受伤人员和应急救援人员的安全优先；防止事故扩大优先；保护环境优先。以人为本，坚持"安全第一，预防为主"方针。如果一旦发生酸碱泄漏事故，要以最快速度，有序地实施应急救援行动，及时、有效地处理化学品灼伤事故，尽最大努力减少人员受伤害程度和财产损失，把事故危害降低到最低程度，保护公司正常生产。

（2）答案要点：水杨酸常用升华法进行精制，是因为升华精制法具有"三废"少、收率高、质量优等特点。

岗位五　过滤干燥

（一）岗位素养考核

2. 案例分析

答案要点：中国古代人民在劳动中不断进行发明创造，通过过滤的方式造纸，通过离心的方式榨汁，这都是中国劳动人民长期经验的积累和智慧的结晶。在劳动过程中，人们通过发明改进劳动工具和生产技术，提高了劳动效率，促进了物质文明的发展。在劳动过程中人类不断地探索和积累丰富的知识和经验，创造了宝贵的科学技术和文化成果。在劳动中不仅人类的四肢等身体器官及它们的功能得到了锻炼和发展，人的智能素质也得到了发展，劳动是培养和发展人的道德品质，提高人的精神境界的重要途径。

（二）岗位知识考核

1. 单项选择题

（1）C　（2）B

2. 配伍选择题

（1）A　（2）B　（3）D

3. 多项选择题

（1）AD　（2）CE

4. 简答题

（1）答案要点：干燥设备选用时要根据药品特性、成品要达到的理想状态而定。流化床干燥器是利用流态化技术干燥湿物料的常见干燥设备，已广泛应用于化工、制药、食品等行业的粉状、颗粒状物料的干燥，阿司匹林原料药为粉状、颗粒状物料，故适用流化床干燥器。

（2）答案要点：现象：从流化床干燥产生的阿司匹林颗粒未完全干燥。原因分析：干燥空气流量过小、干燥器内空气温度偏低、加料速度过快和物料的湿含量增大。处理方法：处理该异常现象的顺序是：①如床层流化正常，先提高干燥器内空气的温度；②如流化不好，先加大空气的流量，再提高空气的温度；③在保证正常流化的前提下，先调整空气温度至操作上限后，再调整加热空气的流量；④空气流量和温度都已达到操作上限后，则减小加料量；⑤对湿物料进行预干燥，降低进料物料的含水量。

（3）答案要点：过滤干燥岗位的主要职责虽然是保证最终产品的充分提取与干燥，而副产品如果不加以回收利用，不仅会导致原料和主产物的浪费，还会造成"三废"污染，因此在工艺流程设计中，应充分考虑物料的回收与利用，这不仅是降低成本，也是实现绿色合成的重要措施。阿司匹林母液转入母液回收岗位进行醋酸回收，干燥的阿司匹林细颗粒收集后进入水解回收岗位。

（4）答案要点：略。

岗位六　检测包装

（一）岗位素养考核

2. 案例分析

答案要点：发现包装破损产品后，需按规定进行处理：责任部门应联系仓库将包装破损产品移至不合格品专区并通知质量保证部现场核实包装破损情况，确定破损分类。

轻微破损为大箱无打开痕迹和物理损坏，表面轻微磨损脏污或粘贴有物流标签、书写文字等情况，不影响产品质量，但销售部提出需要更换大箱以利于销售。一般破损为大箱或纸桶有物理损坏，药品外包装也有一定损坏但经过 QA 现场确认未影响到产品内包装严密性，可以保证产品质量。严重破损为药品外包装有水浸、霉变痕迹，或药品内包装损坏或怀疑存在损坏，影响到产品质量。

责任部门对不同破损程度的产品现场分拣，分别统计数量。对于分拣不彻底的情况，现场 QA 可以全部按照严重破损定级。对于严重破损的产品和责任部门确认为无重新销售价值的产品，由责任部门作为不合格品申请报废处理。

原料药出现包装破损或铅封已被破坏的情况，由检测中心重新取样，质量保证部根据具体情况决定检验项目，并组织有关部门进行评估，给出处理建议，质量管理负责人批准处理决定。

不影响产品内在质量的轻微破损和一般破损产品可以重新包装。

责任部门填写"更换包装申请单"，质量保证部、生产技术部审核后交质量管理负责人审批。质量管理负责人审批通过后，由申请部门协调生产系统安排时间、人员进行重新包装，重新包装所需的包装材料由申请部门凭"更换包装申请单"开票领取。

生产车间根据生产安排，选择不会引起污染、差错和混淆的场地和时段进行打码、重新包装操作，处理因更换包装引起的电子监管码问题，填写"更换药品外包装记录"。生产技术部和质量保证部应全程监督，并确认以下项目：需要更换外包装产品的内包装是否完好无损；需要更换外包装产品的批号是否一致无误；领取新包材的品种、规格、包装规格是否正确适用；新包材的打码是否正确无误、字迹清晰易辨；更换包装过程是否严格监控确保无混淆差错产生；包材领用、使用、残损数量是否平衡无误。

重新包装完成后生产技术部、质量保证部应对"更换药品外包装记录"进行审核，确认无异常后交质量授权人审查。质量授权人按实际情况要求是否对重新包装后的药品进行检验或留样。通过审查认为更换包装后的产品符合放行要求的，由质量授权人签署放行意见。质量保证部负责归档"更换包装申请单"和"更换药品外包装记录"，保存至药品有效期后一年。

（二）岗位知识考核

1. 单项选择题

（1）B　（2）C

2. 判断题（正确画√，错误画×）

（1）√　（2）×

3. 多项选择题

ABCDE

4. 简答题

（1）答案要点：产品名称、批号、数量、半成品检验报告单、放行。

（2）答案要点：生产批标签内容包括：产品名称、批号、包装规格、批生产量、包装日期。商品批标签：品名、重量、产品批号、生产日期、有效期、批准文号、贮藏、执行标准、生产企业名称。

（3）答案要点：药品生产批号和药品的生产日期不能混为一谈，两者之间是既有联系又有区别，两者是两个概念，绝不能混淆。《药品生产质量管理规范》（GMP）中指出：批号指在规定限度内具有同一性质和质量，并在同一周期中生产出来的一定数量的药品。批号是用于识别"批"的一组数字或字母加数字，用它追溯和审查该药品的生产历史。药品生产批号一般是按照"年＋月＋流水顺序号"进行编制的。我国药品生产批号的前两位数字为当年年份的末尾两个数字，次两位数字为当月月份的两个数字，前面四个数字之后的数字（一般2~4个）为流水序号或代号。如药品批号210210，表示该药品为2021年2月生产的第10批，该药品的生产批号，并不表示该药品为2021年2月10日生产。而药品的生产日期是该药品生产出来的具体日期，一般按照"年＋月＋日"顺序编制，所以，药品批号并不表示具体生产日期，也就是说，药品批号不等同于生产日期，更不能表示药品的生产日期。

模块二　药物制剂的生产

岗位一　称量配料

（一）岗位素养考核

2. 案例分析

答案要点：略。

（二）岗位知识考核

1. 单项选择题

（1）C　（2）D

2. 多项选择题

（1）ABCD　（2）ACD　（3）ABCD

岗位二　粉碎、筛分

（一）岗位素养考核

2. 案例分析

（1）答案要点：略。

（2）答案要点：正确，根据实际生产需要和考虑投料量，原辅料可以一起粉碎，减少生产操作。

（二）岗位知识考核

1. 单项选择题

（1）C （2）B （3）D （4）A （5）C （6）A （7）A （8）C （9）B

2. 多项选择题

（1）ABCD （2）ABD （3）ABC （4）BCD

3. 简答题

（1）答案要点：药典中规定的粉末等级有六种规格，最细粉的粒径不是最小的，故得到的粉末并不是最细的，最细粉是指能全部通过六号筛，并含能通过七号筛不少于95％的粉末。比最细粉粒径还要细的有极细粉，极细粉是指能全部通过八号筛，并含能通过九号筛不少于95％的粉末。

（2）答案要点：对于一些矿物类等特殊性质的物料，比如珍珠、炉甘石、雄黄、朱砂等物料往往采用湿法粉碎中的水飞法进行粉碎。水飞法系指将一些矿物类物料先粉碎成粗粉，去除杂质，置于研钵中加适量水，用力研磨，研磨过程中部分细粉会混悬于水面，把浮于水面的混悬液倾倒出来，然后再加水进行研磨，如此往复地进行，直至物料全部研成细粉为止。水飞法起源于传统的中药炮制技术，通过水飞法操作可以去除物料中的杂质，使药物变得更加纯净，使药物的质地更加细腻，由于药物在研磨过程中加入了适量的水，能有效地防止药物中粉尘飞扬，避免污染环境，同时可以去除有可能溶于水的有毒物质（砷、汞等）。

岗位三　一步制粒

（一）岗位素养考核

2. 案例分析

答案要点：略。

（二）岗位知识考核

1. 单项选择题

（1）B （2）B （3）C （4）A （5）D （6）B （7）D （8）A （9）A （10）B

2. 多项选择题

（1）ABC （2）ABD （3）BCDE

岗位四　压片

（一）岗位素养考核

2. 案例分析

（1）答案要点：略。

（2）答案要点：裂片原因：①片剂各部分弹性复原率不同；②颗粒过细或过粗，细粉过多；③选取黏合剂不当或用量不足；④颗粒中油性成分过多；⑤颗粒在干燥过程中，过分干燥；⑥压力过大；⑦冲模不符合要求。措施：①调整压力；②降低车速。

崩解时限不合格原因：①颗粒过硬过粗；②黏合剂过多或黏性过强；③崩解剂不当；④疏水性润滑剂使用过多；⑤压力过大。措施：①用适当适量的黏合剂、润滑剂；②减小压力。

（二）岗位知识考核

1.单项选择题

（1）B　（2）D　（3）B

2.多项选择题

（1）ABCD　（2）BC　（3）BD　（4）ACDE　（5）BCD　（6）AD

3.简答题

（1）答案要点：片重＝$\dfrac{\text{每片主药含量}}{\text{测得颗粒中主药的百分含量}}=\dfrac{0.1}{48.5}=0.21\text{g}$

（2）答案要点：片重＝$\dfrac{\text{每片主药含量}}{\text{测得颗粒中主药的百分含量}}=\dfrac{0.1}{48.5}=0.21\text{g}$

（3）答案要点：

故障现象	故障原因	处理方法
料仓物料过少报警	料仓内的药粉量少于低料位量	及时补充料仓内物料
系统显示"压力过载"	当前压力高于保护压力	停机检查,是否出现重叠片、黏冲现象并解决
系统显示"下冲过紧"	润滑不到位	缩短润滑时间间隔
系统显示"上冲过紧"	润滑不到位	缩短润滑时间间隔
系统显示"润滑不足"	润滑泵内稀油润滑不足	添加稀润滑油或更换新油
系统"门窗未关"	设备四边门窗有未关闭现象	关闭保护门窗

岗位五　包衣

（一）岗位素养考核

2.案例分析

答案要点：略。

（二）岗位知识考核

1.单项选择题

（1）D　（2）B

2.多项选择题

（1）ABCD　（2）ABCD

3.简答题

（1）答案要点：略。

（2）答案要点：

故障内容	引起原因	解决方式
进风温度低报警	1. 报警参数设置不合理； 2. 进风温度低于低报警设置值连续超过若干秒	1. 重新设置合适的报警值； 2. 检查是否异常：比如进风量偏大，蒸汽压力偏高
排风变频器故障	1. 排风变频器故障； 2. 接线故障	1. 检查变频器面板报警代号查看手册； 2. 查看电路图，检查接线
片床温度异常	1. 传感器坏； 2. 检查传感器接线	1. 更换传感器及模块； 2. 查看电路图，正确接线
热风风量异常	1. 传感器坏； 2. 检查传感器接线	1. 更换传感器及模块； 2. 查看电路图，正确接线
湿度传感器故障	1. 传感器坏； 2. 检查传感器接线	1. 更换传感器及模块； 2. 查看电路图，正确接线
无压缩空气	1. 工厂供气压力不足； 2. 压力开关坏	1. 检查工厂供气压力； 2. 更换压力开关
净化效果差	差压值低于低报警设置值	1. 检查密封垫料是否损坏，损坏的应更换； 2. 调换过滤器
热交换效能差	1. 蒸汽汽源不足； 2. 冷凝水未排出	1. 调整蒸汽汽源组件，增大供汽量； 2. 更换疏水阀

模块三　药品的质量检验

岗位一　取样与抽样

（一）岗位素养考核

2. 案例分析

答案要点：抽样单元数 $n=\sqrt{N}$，代入数值 $N=220$，抽样单元数 $n\approx15$，需抽取 15 份最小包装（盒）药物。

从 6 件随机选定的成品药物中随机抽取 15 盒，每件抽取数量大致相等，例如可以以每件分别抽取 3，2，3，2，3，2 盒的方式抽取。

在进行抽取时，首先对药品包装进行编码，然后分别采取抽签、掷骰子、查阅随机数表或者用计算机发随机数等简单随机方法确定具体的抽样批。

（二）岗位知识考核

1. 单项选择题

（1）A　（2）C　（3）E

2. 简答题

（1）答案要点：抽取粉末状固体样品和半固体样品时，一般使用一侧开槽、前端尖锐的不锈钢抽样棒取样，也可使用瓷质或者不锈钢质药匙取样。

（2）答案要点：品名、批号、数量、规格、产地、来源。

（3）答案要点：略。

岗位二 分样与留样

（二）岗位知识考核

1. 填空题

（1）与市售最小包装相同；采用模拟包装；锁口袋或试剂瓶

（2）与样品品种贮存要求相同

（3）可追溯性产品；原料

（4）一年

2. 简答题

（1）答案要点：十字四分法分样是将样品混合，在相应级别的环境下（如超净台、生物安全柜等）平铺，画十字，取对角的物料再混合，再平铺在画十字，再取对角物料混合，将物料分为四份。

（2）答案要点：阿司匹林肠溶片生产用每批原辅料和与药品直接接触的包装材料均应当有留样。

（3）答案要点：当留样样品出现异常时，留样观察人员应及时向 QA 人员进行汇报，QA 人员总结情况后随即上报至质量负责人，并由质量负责人做出是否收回产品的决定。留样在进行销毁时在单位安全保卫负责人、质量管理员、留样管理员共同监督下进行。

岗位三 理化检测

（一）岗位素养考核

2. 案例分析

（1）答案要点：应单斜划线画去，在右下角写上正确记录，再签上姓名或盖章。

（2）答案要点：由检验人员填写退库单，交回给分样人，按留样要求处理。

（二）岗位知识考核

1. 单项选择题

（1）A （2）A （3）C （4）A （5）B （6）C

2. 简答题

（1）答案要点：阿司匹林结构中含有羧基，原料药可采用酸碱滴定法用氢氧化钠滴定液测定含量。而肠溶片在制剂过程中加入了酸性稳定剂，且杂质水杨酸进一步增加，如采用酸碱滴定法，测定结果偏高，所以不宜用此法，因此药典改用高效液相色谱法。

（2）答案要点：肠溶片要求在胃液中（酸中）不得崩解溶出，而在小肠液中（缓冲液中）能够崩解，因此要求在酸中溶出度不超过阿司匹林标示量的 10％，在缓冲液中溶出度不小于 70％，分别使用的溶剂是 0.1mol/L 的盐酸和 0.2mol/L 磷酸钠溶液。

3. 计算题

98.52％

岗位四　仪器分析检测

（二）岗位知识考核

1. 实例分析

（1）答案要点：对照药典，这两个系统适用性试验结果均已符合规定要求。

（2）答案要点：该杂质限量属于不加校正因子的主成分自身对照法。当没有杂质对照品时，可采用不加校正因子的主成分自身对照法。其方法是将供试溶液稀释成一定浓度，作为对照液。分别取供试品溶液和对照品溶液进样，将供试品溶液中各杂质峰面积及其总和，与对照液主成分峰面积比较，以控制供试品中杂质的量。

对照溶液：$C_{对} = \dfrac{1}{50} \times \dfrac{1}{10} C_{供} = \dfrac{1}{500} C_{供}$

故杂质限量：$L = \dfrac{0.25 C_{对}}{C_{供}} = 0.05\%$

该方法的优点：简单方便，无须对照品；适用于杂质与主成分峰面积相差悬殊时的杂质检查。缺点：忽略了各杂质与主成分在 HPLC 的响应值不同。

2. 简答题

（1）答案要点：阿司匹林在合成和贮存过程中，可能会引用起始原料、中间体和副产物等多种杂质，各杂质间极性差异较大，因此采用梯度洗脱法分离杂质。

（2）答案要点：进入到高效液相色谱仪中的流动相要求其中没有不溶性微粒杂质，否则可能会堵塞管路和色谱柱；以及不能有气泡，气泡会引起色谱基线的波动，所以应过滤出去不溶性杂质，然后超声脱气后再使用。

（3）答案要点：加入变色硅胶，可以吸收水分，保持仪器内部干燥，从而保护仪器零配件。当变色硅胶由蓝色变为紫红或粉红色时，表明吸附了较多的水分，需要更换。此时可将红色的变色硅胶放置于105℃的烘箱中，烘至又变为蓝色，可重复利用。

参 考 文 献

［1］ 吴洁，熊清平. 制药工程基础与专业实验 ［M］. 2版. 南京：南京大学出版社，2018.

［2］ 李铭俊. 循环经济与技术创新 ［M］. 上海：复旦大学出版社，2009.

［3］ 宋航. 制药工程技术概论 ［M］. 3版. 北京：化学工业出版社，2019.

［4］ 徐龙，徐旋，林波等. 升华法精制水杨酸的工艺研究 ［J］. 中国医药工业杂志，2018，49（11）：1595-1601.

［5］ 林卡娜，施芳红，李浩等. 药品生产批号及有效期标注方式标准化研究 ［J］. 中国药业，2019，28（01）：85-87.

［6］ 胡英，夏晓静. 药物制剂综合实训教程 ［M］. 北京：化学工业出版社，2013.

［7］ 张健泓. 药物制剂综合实训教程 ［M］. 北京：化学工业出版社，2014.

［8］ 中华人民共和国国家药典委员会. 中华人民共和国药典 ［S］. 2020版. 北京：中国医药科技出版社，2020.

［9］ 曾苏. 药物分析学 ［M］. 2版. 北京：高等教育出版社，2014.

［10］ 梅晓亮，杨家林，孟姝. 药物分析 ［M］. 天津：天津科学技术出版社，2016.